养殖致富攻略·一线专家答疑丛书

最新农家养鸡疑难问题解答

——饲料与鸡病防控

第 二 版

郭春燕 编著

中国农业出版社

图书在版编目（CIP）数据

最新农家养鸡疑难问题解答：饲料与鸡病防控/郭
春燕编著．—2版．—北京：中国农业出版社，2016.7（2018.7重印）
（养殖致富攻略·一线专家答疑丛书）
ISBN 978-7-109-21838-3

Ⅰ.①最… Ⅱ.①郭… Ⅲ.①鸡—饲料—配制—问题
解答②鸡病—防治—问题解答 Ⅳ.①S831.5—44
②S858.31—44

中国版本图书馆 CIP 数据核字（2016）第 148701 号

中国农业出版社出版
（北京市朝阳区麦子店街 18 号楼）
（邮政编码 100125）
责任编辑 郭永立 张艳晶

中国农业出版社印刷厂印刷 新华书店北京发行所发行
2017 年 1 月第 2 版 2018 年 7 月第 2 版北京第 4 次印刷

开本：880mm×1230mm 1/32 印张：6.125
字数：160 千字
定价：19.00 元
（凡本版图书出现印刷、装订错误，请向出版社发行部调换）

第一版编写人员

主　　编　郭春燕

副 主 编　乔顺风

参编人员　(按姓名笔画排序)

尹丽华　付丽伟

闫益波　刘明生

李春红　李玉兰

杨继生　周岩伟

耿春银　程　超

董国权

本书有关用药的声明

兽医科学是一门不断发展的学问。标准用药安全注意事项必须遵守，但随着最新研究及临床经验的发展，知识也不断更新，因此治疗方法及用药也必须或有必要做相应的调整。建议读者在使用每一种药物之前，参阅厂家提供的产品说明以确认推荐的药物用量、用药方法、所需用药的时间及禁忌等。兽医有责任根据经验和对患病动物的了解决定用药量及选择最佳治疗方案。出版社和作者对任何在治疗中所发生的对患病动物和/或财产所造成的伤害或损害不承担任何责任。

中国农业出版社

本书自 2013 年问世以来，受到广大养鸡朋友和相关饲料兽药从业人员的青睐，应读者的要求和中国农业出版社的邀请，本书得以再版。

针对近年家禽养殖模式由传统分散小规模笼养到目前集约化现代化大规模饲养的变化，一些与环境因素相关的疾病成为养殖成败的主要问题，这次再版，除对原书小部分修改外，新增了一些目前与养殖环境条件有关的新的疾病知识。涉及治疗用药方面，避免一些厂家生产的组方药物和目前禁用的抗病毒西药产品，主要介绍毒副作用小、残留期短的药物和中药制剂。

希望新版图书能对各位养鸡朋友、相关饲料兽药从业人员以及即将从事本行业的畜牧兽医专业毕业生的知识、技能的提高有所补益。在修订过程中杨继生教授对书稿进行了认真审阅，在此对杨继生教授及各位关注本书的朋友表示衷心的感谢。由于作者水平所限书中难免有不妥之处，敬请提出宝贵意见。谢谢！

编　者

2016 年 6 月

近年来，养鸡场及养鸡户常被一些鸡病困扰着，如鸡的非典型新城疫、温和型禽流感及各种混合感染等，他们苦于找不到有效的防控政策，急切希望得到技术支持，特别是边远地区的广大养殖户朋友。为减少鸡病给养鸡业造成的损失，把最急需的养鸡与鸡病防治技术送到养殖户朋友手里，我们整理了多年来解决养鸡户的疑难问答，将饲料和鸡病防控中常见的问题系统地整理成册编成此书。

本书以问答的形式对目前养鸡场（户）遇到的常见问题做了详细的解答，涉及许多养殖者在生产中感到迷茫的问题，以及一些近年来常流行的或新发生的疾病。希望本书能给广大养鸡户朋友的养殖生产或疾病防治带来帮助，读后能有所收获，少走弯路、降低成本，取得最大的经济效益。

本书也不失为高职高专畜牧兽医专业学生的一本方便快捷的实用工具书，还可供基层畜牧兽医人员参考。本书在编写中参阅了大量资料，在此向各位同行表示衷心的感谢。

由于时间仓促、水平有限，书中会存在一些错误，还望各位读者朋友提出批评意见，以便我们进一步提高水平，更好地为大家服务。

编　者

2013 年 5 月

目　录

二、日常防疫知识问答 …………………… 28

一、饲料知识问答

1. 按国际饲料分类法，可以将饲料分为哪几类？

按国际饲料分类法可以将饲料分为以下几类。

（1）粗饲料 包括植物地上部分经收割、干燥制成的干草或加工而成的干草粉；脱谷后的农副产品，如秸秆、秕谷、藤蔓、荚皮等；农产品加工副产物糟渣类；加工提取原料中的淀粉或蛋白质等物质后，其干物质中粗纤维含量等于或超过 10％者属于粗饲料。尽管某些糟渣含水量高达 90％以上，但是非自然水分，不能划归为青绿饲料类。某些带壳油料籽实经浸提或压榨提油后的饼粕产物，尽管一般含粗蛋白质高达 20％以上，但如其干物质中的粗纤维含量达到或超过 18％，仍划分为粗饲料而不划分为蛋白质饲料。另外，有些纤维和外皮比例较大的树实、草籽或油料籽实，凡符合干物质中含粗纤维≥18％条件者，亦应划为粗饲料。

（2）青绿饲料 自然水分含量≥45％的陆地或水面的野生或栽培植物的整株或其一部分，如各种鲜树叶、水生植物和菜叶以及非淀粉和糖类的块根、块茎和瓜果类等多汁饲料。其干物质中的粗纤维和粗蛋白含量可不加考虑。

（3）青贮饲料 自然含水的青绿饲料，包括野生青草、栽培饲料作物和秸秆，收割后或经一定萎蔫的青绿饲料，经自然发酵成为青贮饲料或半干青贮饲料。青绿饲料补加适量糠麸或根茎瓜类制成的混合青贮饲料也属此类。这类饲料一般含水分 45％以上。

（4）能量饲料 符合自然含水量低于 45％，且干物质中粗纤维低于 18％，同时干物质中粗蛋白质低于 20％者，划归为能量饲料。主要有谷实类和粮食加工厂副产品糠麸类，富含淀粉和糖的块茎、瓜果类以及一些外皮比较小的草籽类。来源于动物或植物的油脂类和糖蜜类，也属于能量饲料。

(5) 蛋白质饲料 自然含水量低于45％，干物质中粗纤维低于18％，而干物质中粗蛋白质含量达到或超过20％的豆类、饼粕类、动物性蛋白质饲料均划归蛋白质饲料。各种合成或发酵生产的氨基酸和非蛋白氮产品，不划入添加剂大类而划入蛋白质饲料类。

(6) 矿物质饲料 天然矿物质和工业合成的单一化合物以及混有载体的多种矿物质化合物配成的矿物质添加剂预混料，均属此类。贝壳和骨粉来源于动物，但主要用来提供矿物质营养，也划归此类。

(7) 维生素饲料 包括工业合成或由原料提纯出精制的各种单一维生素和混合多种维生素，但富含维生素的自然饲料不划归维生素饲料。

(8) 饲料添加剂 指各种用于强化饲料效果和有利于配合饲料生产和贮存的非营养性添加剂原料及其配制产品，如各种抗生素、防霉剂、抗氧化剂、增味剂、黏结剂、疏散剂、着色剂以及保健与代谢调节药物等。但实际生产中，往往把氨基酸、微量元素、维生素等也当做添加剂。

2. 蛋白质的营养作用是什么？

蛋白质的营养作用包括：①蛋白质是构建机体组织细胞的主要原料。②蛋白质是机体内功能物质的主要成分。③蛋白质是组织更新、修补的主要原料。④蛋白质可供能和转化为糖、脂肪。⑤蛋白质是动物产品的重要成分。⑥蛋白质是遗传物质的基础。

3. 蛋白质过量有什么危害？

饲料中蛋白质超过动物的需要，不仅造成浪费，而且多余的氨基酸在肝脏中被转化成尿素经由肾脏随尿排出体外，加重肝肾负担，严重时引起肝肾病变，夏季还会加剧热应激。

4. 什么是必需氨基酸与非必需氨基酸？

必需氨基酸是指必须由饲料供给的氨基酸，即动物机体内不能合成，或者合成的速度慢、数量少，不能满足动物需要而必须由饲料供给的氨基酸。

非必需氨基酸是在动物体内能利用含氮物质和酮酸合成，或可由其他氨基酸转化代替，无需由饲料直接提供既可满足需要的氨基酸。如丙氨酸、谷氨酸、丝氨酸、羟谷氨酸、瓜氨酸、天门冬氨酸等。

对成年动物必需氨基酸有 8 种，即赖氨酸、蛋氨酸、色氨酸、苯丙氨酸、亮氨酸、异亮氨酸、缬氨酸和苏氨酸。生长家禽的必需氨基酸有 10 种，除上述 8 种外还有精氨酸和组氨酸。雏鸡的必需氨基酸有 13 种，除上述 10 种外，还有甘氨酸、胱氨酸和酪氨酸。

5. 什么是限制性氨基酸？第一限制性氨基酸在蛋白质营养中有何意义？

限制性氨基酸是指饲料或饲粮中不能满足动物需要的必需氨基酸，它们的短缺限制了饲料或饲粮中其他氨基酸的利用，从而降低了整个饲料或饲粮蛋白质的营养价值。一般缺乏最严重的称第一限制性氨基酸，相应为第二、第三、第四……限制性氨基酸。

根据饲料氨基酸分析结果与动物需要量的对比，既可推断出饲料中哪种必需氨基酸是限制性氨基酸，必需氨基酸的供给量与需要量相差越多，则缺乏程度越大，限制作用就越强。

谷实类饲料中，赖氨酸均为鸡的第一限制性氨基酸。多数玉米—豆饼型日粮，蛋氨酸和赖氨酸多是家禽的第一限制性氨基酸。

6. 在生产实践中，如何使家禽将食入的饲料蛋白质更多地转变为肉、蛋等畜产品？

生产实践中，使家禽食入的饲料蛋白质更多地转变为畜产品，主要应采取以下措施：①配合日粮时原料多样化。②补饲氨基酸添加剂。③合理地供给蛋白质营养。④日粮中蛋白质与能量要有适当比例。⑤掌握好饲粮中蛋白质水平。⑥控制饲粮中的粗纤维水平。⑦保证其他养分的供给。⑧做好豆类饲料的湿热处理。

7. 必需脂肪酸有什么营养生理功能？

（1）必需脂肪酸是构成动物机体细胞线粒体和细胞膜的重要组成成分，参与磷脂的合成，缺乏时，将影响磷脂代谢，使生物膜磷脂含量降低而导致结构异常，从而引发许多病变，如皮肤出现由水代谢严重紊乱引起的湿疹，血管壁因脆性增强易于破裂出血等。

（2）与胆固醇代谢有密切关系。胆固醇必须与必需脂肪酸结合才能在动物体内运转；若缺乏必需脂肪酸，胆固醇将完全与饱和脂肪酸形成难溶性胆固醇脂，从而影响胆固醇正常转化而导致动物机体代谢异常。

（3）必需脂肪酸在动物体内可代谢转化为一系列长链多不饱和脂肪酸，这些多不饱和脂肪酸可形成强抗凝结因子，它们具有显著抗血栓形成和抗动脉粥样硬化的作用。

（4）必需脂肪酸与精子生成有关。日粮中长期缺乏，可导致动物繁殖机能降低，公猪精子形成受到影响，母猪出现不孕症，公鸡睾丸变小，第二性征发育迟缓，产蛋鸡所产的蛋变小，种鸡产蛋率降低，受精率和孵化率下降，胚胎死亡率上升。

（5）必需脂肪酸是前列腺素合成的原料。前列腺素可控制脂肪组织中甘油三酯的水解过程，缺乏必需脂肪酸时，影响前列腺素的合成，导致脂肪组织中脂解作用加快。

8. 饲料脂肪对动物产品品质有何影响？

（1）**饲料脂肪对肉类脂肪的影响**　对于猪、鸡等单胃动物来讲，机体组织沉积的不饱和脂肪酸多于饱和脂肪酸，这是由于植物性饲料中不饱和脂肪酸含量较高，被猪、鸡采食吸收后，不经氢化即直接转变为体脂肪，故猪、鸡体脂肪内不饱和脂肪酸高于饱和脂肪酸。为保证得到较好的屠体品质，猪日粮中玉米含量最好不超过 50%。

(2) 饲料脂肪对蛋黄脂肪的影响　将近一半的蛋黄脂肪是在卵黄发育过程中，摄取经肝脏而来的血液脂肪而合成，这说明蛋黄脂肪的质和量受饲料影响较大。

9. 家禽饲料中添加油脂的注意事项有哪些？

一般来讲，肉鸡饲料中添加 2%～4% 的油脂可显著提高日增重；蛋鸡产蛋期饲料中添加 1%～2% 的油脂，也能明显提高产蛋率和蛋壳质量。在饲料中添加脂肪，还能克服因高温而造成的鸡生产性能差的问题。

添加油脂时要注意：①添加油脂后，饲粮的消化能、代谢能水平不能变化太大。因为过量添加油脂可能会降低采食量。②满足含硫氨基酸的供应，有人建议肉鸡饲粮中含硫氨基酸供给量可提高到 0.9%～1%，蛋鸡 0.7%～0.8%。③常量元素、微量元素及维生素 B_2、维生素 B_6、维生素 B_{12} 和胆碱等的供应量增加 10%～20%。④控制粗纤维水平，肉鸡控制在最低量，蛋鸡、特别是笼养鸡应比标准高出 1%～1.5%。⑤长期添加油脂时，每千克饲粮中应添加硒 0.05～0.1 毫克。⑥防止油脂氧化，保证油脂品质。因为不饱和脂肪酸在饲料加工和贮存过程中会因高温、紫外线照射等作用，同空气中的氧发生反应而变质，导致蛋白质消化利用率下降，甚至引起鸡下痢、肝病等不良反应。⑦因油脂黏结度高，最好将油脂均匀地喷涂在饲料中。⑧应注意含油脂饲料贮存时间不宜过长，一般不能超过 1 个月。

10. 什么是常量元素和微量元素？

常量元素是指在动物机体内含量占体重 0.01% 以上的元素，如碳、氢、氧、氮、钙、磷、钾、钠、氯、镁和硫等。而含量占体重 0.01% 以下的矿物元素称为微量元素，如铁、铜、钴、锰、锌、硒、碘、钼、铬和氟等。

常量元素和微量元素都是畜禽的营养物质，必须从饲料中保证供应，如果供应不足，就会产生相应的缺乏症，影响畜禽的生产力。

11. 矿物质的营养生理功能有哪些？

矿物质的营养功能包括：①矿物质是构成动物体组织的重要成分。钙、磷、镁是构成骨骼和牙齿的主要成分；磷和硫是组成体蛋白的重要成分。

②矿物质在维持体液渗透压恒定和酸碱平衡上起着重要作用。

③矿物质是维持神经和肌肉正常功能所必需的物质。

④矿物质是机体组成激素、维生素、蛋白质和多种酶类的成分。

⑤矿物质是乳蛋产品的成分。

12. 哪些因素会影响钙、磷的吸收？

饲料中的钙和无机磷可以直接被吸收，而有机磷需经过酶水解为无机磷后才能吸收。钙、磷的吸收需在溶解状态下进行，能促进钙、磷溶解的因素就能促进钙、磷的吸收。

（1）酸性环境 饲料中的钙可与胃液中的盐酸化合生成氯化钙，氯化钙极易溶解，故可被胃壁吸收。小肠中的碳酸钙、磷酸钙等的溶解度受肠道 pH 影响很大，在碱性、中性溶液中其溶解度很低，难于吸收。酸性溶液中溶解度大大增加，易于吸收。小肠前段为弱酸性环境，是饲料中钙和无机磷吸收的主要场所。小肠后段偏碱性，不利于钙、磷的吸收。因此，增加小肠酸性的因素有利于钙、磷的吸收。蛋白质在小肠内水解为氨基酸，乳糖、葡萄糖在肠内发酵生成乳酸，均可增加小肠酸性，促进钙、磷吸收。胃液分泌不足，则影响钙、磷吸收。

（2）钙、磷比例 一般动物钙、磷比例在 1～2∶1 范围内吸收率高。若钙、磷比例失调，小肠内又偏碱性条件下，钙过多时，将与饲粮中的磷更多地结合成磷酸钙沉淀；如果磷过多，同样也与钙结合成磷酸钙沉淀被排出体外。所以饲粮中钙过多易造成磷的不足，磷过多又造成了钙的缺乏。实践证明，若饲粮中钙磷量的供应充足，但比例不当，也会产生软骨症。

(3) 维生素 D 维生素 D 对钙、磷代谢的调节是通过其在肝脏、肾脏羟化后的产物 1, 25 二羟维生素 D_3 起作用的。1, 25 二羟维生素 D_3 具有增强小肠酸性，调节钙、磷比例，促进钙、磷吸收的作用。尤其动物在冬季舍饲期，满足维生素 D 的供应更为重要。但是，过高的维生素 D 会使骨骼钙、磷过量动员，反而可能产生骨骼病变。

(4) 饲粮中过多的脂肪、草酸、植酸的影响 饲粮中脂肪过多，易与钙结合成钙皂，影响钙的吸收；甜菜叶等青饲料中草酸较多，易与钙结合为草酸钙沉积，也影响吸收。谷实类及加工副产品中的磷，大多以植酸（六磷酸肌醇）或植酸钙镁磷复盐的有机磷形式存在，单胃动物对其水解能力弱，很难吸收。以谷实类、麦麸类饲料为主的单胃动物日粮中，应适当补加无机磷。反刍动物瘤胃中的微生物水解植酸磷能力很强，不影响其对钙、磷的吸收。

13. 生产中对饲料添加剂有哪些要求？

饲料添加剂应满足以下要求：①长期使用不会对畜禽产生毒害作用和不良影响，不影响种用畜禽生殖生理及胎儿。②有明显的生产效果和经济效益。③在饲料和畜禽体内具有较好的稳定性。④不影响畜禽对饲料的采食。⑤在畜禽产品中的残留量不超过规定标准，不影响畜禽产品质量，不会对人体健康带来潜在危险。⑥所用化工原料中所含有毒金属量不超过允许限度。⑦用作添加剂的抗生素或抗球虫药不易或不被肠道吸收。⑧不污染环境，有利于畜牧业可持续发展。

14. 饲料中添加蒙脱石有什么必要？

蒙脱石又名微晶高岭石，是一种层状结构、片状结晶的硅酸盐黏土矿，因其最初发现于法国的蒙脱城而命名，俗名"观音土"。广泛应用在医药、饲料等领域，在动物生产中用于止泻、脱霉、止血消炎等。

蒙脱石是一种良好的胃黏膜防护剂，对大肠杆菌、霍乱弧菌、空肠弯曲菌、金葡菌和轮状病毒、胆盐及霉菌毒素都有较好的吸附作用。蒙脱石在饲料中可脱除霉菌毒素、重金属，解除饲料中残留农药的毒性，可替代抗生素、氧化锌用于止泻。

15. 什么是饲料安全工程？

饲料安全是指饲料中不应含有对饲养动物的健康与生产性能造成实际危害的有毒、有害物质或因素，并且这类有毒、有害物质或因素不会在畜产品中残留、蓄积和转移而危害人体健康或对人类的生存环境构成威胁。饲料安全工程是解决饲料安全问题的重要战略性措施。

近年来，在饲料生产、经营和使用等方面出现了一些问题：在饲料中非法使用违禁药物，主要是非法使用β-兴奋剂等激素；配方不合理导致滥用饲料添加剂；饲料卫生指标不合格导致饲料产品质量低劣，既会给养殖业带来经济损失，又会直接威胁人民的身体健康。

饲料产品质量和食品安全问题，已引起我国政府和全社会的广泛关注。启动饲料安全工程，建立和完善饲料行业的安全质量保障体系已刻不容缓。

饲料安全工程的建设目标是建立饲料安全保障体系，依法加大对饲料和饲料添加剂生产、经营和使用环节的监督管理，使我国饲料产品总体合格率达到 95％以上，添加剂及其预混合饲料总体合格率达到 90％以上，违禁药品检出率在 5％以下。实施饲料安全工程的意义在于：饲料安全工程的实施有利于养殖业持续发展，促进农民增收和维护社会稳定；饲料安全工程的实施有利于保障人民身体健康和保护生态环境；饲料安全工程的实施有利于提高饲料产品质量，增强养殖业出口创汇能力。

此外，饲料安全工程的实施还有利于尽快改善我国饲料监测手段，提高检测能力、评价能力和信息处理能力，同时也有利于《饲料与饲料添加剂管理条例》的贯彻执行。

16. 棉籽饼粕的去毒方法有哪些？

棉籽饼粕是棉籽经压榨浸油后的残留物，是仅次于大豆饼粕的一种重要的蛋白质资源。由于其含有游离棉酚等有害成分，在利用上受到一定的限制，如果不经去毒处理，饲喂家禽可引起中毒。

（1）化学去毒法 在棉籽饼中加入某些化学药剂，可破坏棉酚或使棉酚变成结合状态。

①硫酸亚铁浸泡法：将粉碎后的棉籽饼用1‰的硫酸亚铁溶液浸泡1天左右，硫酸亚铁溶液的用量为棉籽饼重的5倍，泡后弃处理液，再用清水浸泡两次，可直接与其他混合料搅拌饲喂。如果将棉籽饼和菜饼按1∶2比例混合使用，不仅可提高蛋白质的利用率，还可以降低两者的毒性。此法具有效果好、成本低、简便易行的优点。

②碱处理法：在饼粕中加入烧碱（苛性钠）或纯碱（碳酸钠）的水溶液、石灰乳等，加热蒸炒，使饼粕中游离棉酚被破坏或成为结合状态；也可将饼粕用碱水浸泡，再用清水淘洗后饲喂。但此法可使饼粕中部分蛋白质和无氮浸出物溶解与流失，会降低饼粕的营养价值。

（2）加热处理 把粉碎后的棉籽饼放入旺火上煮沸2小时，能使毒性大大降低，倒掉处理液再用清水浸泡2～3次即可使用，也可用焙炒等加热处理，使棉酚与蛋白质结合而去毒。

（3）微生物发酵去毒法 将棉籽饼与其他饲料混合，加入发酵粉，然后加水拌匀装入封闭容器中贮存至产生酒香味即可。

17. 菜籽饼粕的去毒方法有哪些？

菜籽饼粕是油菜籽经过机械压榨或溶剂浸提制油后的残留物，也是一种常用的优质蛋白质饲料，但由于其含有芥酸、硫葡萄糖苷、单宁等有毒物质，一般在单胃动物及禽类日粮中限量饲喂，用量不超过10‰，幼龄动物用量更少。硫葡萄糖苷本身无毒，但其水解产物异硫氰酸脂、噁唑烷硫酮、硫氰酸脂和腈对家畜都会产生毒害作用。菜籽饼粕的脱毒方法有以下几种。

（1）坑埋法 把菜籽饼粕按 1∶1 比例加水，拌匀后按每立方米 500～700 千克埋于地下坑内，坑的大小可视原料多少而定。挖好坑后，坑底及四周用塑料膜铺好，然后将菜籽饼粕埋入坑内，上面用塑料膜盖好并封土 20 厘米，经 60 天的自然发酵，脱毒率可达 94％。地下水位低且气候干燥的地区较适宜。

（2）水浸洗法 把菜籽饼粕放在水缸里按饼粕重量的 5 倍加入清水，在 36 小时的浸泡过程中，换水 5 次，脱毒率可达 90％。此方法简便易行，但水溶性营养物质损失较多。

（3）微生物脱毒法 用筛选出的菌株对菜籽饼进行固态发酵，脱毒率可达 74％～100％。在工厂化条件下脱毒粕的硫氰酸脂和噁唑烷硫酮的总含量在 0.75％以下，产品可以安全使用。并能改善饼粕的适口性。

（4）热喷脱毒法 将原料装入热喷罐内，密封后通入蒸汽，在约 0.2 兆帕压力下，维持 30 分钟至 1 小时，再加空气至 1 兆帕，骤然减压，经干燥后包装为成品，用热喷设备处理菜籽饼粕可以达到测不出毒素的效果，由于处理时间短，营养成分损失小，可改善饲料适口性，提高消化率。

（5）醇类水溶液处理法 醇类（多用乙醇和异丙醇）水溶液可提取出饼粕中的硫葡萄糖苷和多酚化合物，还能抑制饼粕中酶的活性。此法的缺点是耗用溶剂多，饼粕中醇溶性物质（如醇溶性蛋白质）损失较多。

（6）化学物质处理法 可采用碱、氨、硫酸亚铁等处理。碱处理法可破坏硫葡萄糖苷和绝大部分芥子碱；氨处理法，同时进行加热，氨可与硫葡萄糖苷反应生成无毒的硫脲；硫酸亚铁处理法，铁离子可与硫葡萄糖苷及其降解产物分别生成螯合物，使其失去毒性。

18. 玉米等饲料原料什么情况下会产生黄曲霉毒素，有何危害？

黄曲霉毒素是一种高度致癌性物质，不但危害畜禽的生长、健康和生殖，而且还可以通过动物性食品进入人体内，影响人的健康。

（1）黄曲霉毒素的产生 黄曲霉毒素是 20 世纪 60 年代初发现的

一种真菌有毒代谢产物。在自然界，黄曲霉的生长要求不高，在有氧条件下，花生和玉米是最好的繁殖场所，这可能与其富含微量元素锌及能够刺激黄曲霉繁殖的生长因子有关。玉米染病后，在胚部生出地毯状或絮状菌落，初为黄色，后变为黄绿色，最后变成棕绿色。黄曲霉的生长繁殖与以下因素有关。

①环境温度和湿度：黄曲霉的生长繁殖需要一定的温度和湿度条件。温度25～30℃、相对湿度80%～90%是黄曲霉最适生长条件。一般南方地区黄曲霉发生率要高于北方，这是因为南方的气温、湿度更适合于黄曲霉的生长繁殖，特别是梅雨季节，黄曲霉容易生长。

②饲料原料水分含量：玉米、麦类、稻谷等谷实饲料原料的水分含量为17%～18%时是黄曲霉生长繁殖的最适条件。

③仓储和运输管理：如果饲料原料长时间仓储或仓库潮湿、漏雨，库存过多且不注意通风、干燥、打扫卫生，特别是已经粉碎的物料，由于颗粒小，容易吸收周围的水分，就很可能为黄曲霉的生长繁殖创造一定的温度和湿度。

另外，饲料运输过程中若管理不当，如饲料被雨淋、受潮、曝晒、通气不当、堆压时间过长，也会为黄曲霉毒素的产生创造有利的条件。

(2) 黄曲霉毒素的危害 黄曲霉毒素因其对人、畜肝脏的剧烈损害而列为剧毒物质。有资料记载，黄曲霉毒素 B_1 的毒性为剧毒化学药品氰化钾的10倍以上，是砒霜的68倍，一粒严重发霉含黄曲霉毒素40微克的玉米，可使2只小鸭中毒死亡。动物对黄曲霉毒素的敏感性因种属、性别、年龄及营养状况不同而有很大的差异，比较敏感的动物为雏鸭、雏鸡和仔猪等。黄曲霉毒素主要对动物的肝脏造成损害，可导致肝功能下降、肝细胞变性、坏死、出血，胆管和肝细胞增生，引起腹水、脾肿大、衰竭等病症，并使动物的免疫力降低，易受有害微生物的感染。此外，长期食用含低浓度黄曲霉毒素的饲料也可导致胚胎内中毒，通常年幼的动物对黄曲霉毒素更敏感。

19. 预防黄曲霉毒素危害的方法有哪些？

黄曲霉毒素污染严重的饲料应该废弃。对轻度污染的饲料，经适当处理后可以达到饲用标准的可以利用。主要的脱毒方法有以下几种。

（1）剔除法　即把饲料中有霉变的部分挑除。毒素主要集中在霉坏、破损、变色及虫蛀的粮粒中，将这些变质的粮粒挑选除去，可使饲料毒素大大降低。适用于秸秆、颗粒饲料的去毒处理。

（2）碾轧加工法　毒素污染粮粒的部位主要在种子皮层和胚部，因此，通过碾轧加工，除糠去胚，可减少大部分毒素。

（3）水洗法　用清水反复浸泡漂洗，可除去水溶性毒素。有的霉菌毒素虽然难溶于水，但因毒素多存在于表皮层，反复加水搓洗，也可除去大部分毒素。

（4）吸附法　白陶土、活性炭等吸附剂能吸附霉菌毒素。如用白陶土吸附法可将植物油中的黄曲霉毒素吸附除去。

（5）化学药物去毒法　用碱处理植物油中的黄曲霉毒素，可使其结构破坏而去毒。国内外也有利用氨破坏棉籽或玉米中的黄曲霉毒素。如石灰水浸法：先将玉米等大粒发霉饲料粉碎成直径 1.5～5 毫米的小粒，然后将过 120 目筛后的石灰粉按 0.8％～1％ 的比例掺入发霉饲料中，然后将掺入石灰粉的料和水按 1：2 的比例倒入容器中搅拌 1 分钟，然后再静置 5～8 小时，将水倒出，再用清水冲洗 2～3 次，一般去毒率可达 91％ 以上。

（6）微生物去毒法　筛选某些微生物，利用其生物转化作用，将霉菌毒素破坏或转变为低毒物质。近年，发现乳酸菌、黑曲霉、米根霉、葡萄梨头菌、灰蓝毛菌、橙色黄杆菌等对去除粮食中的黄曲霉毒素有较好效果。

20. 生大豆、大豆饼、大豆粕为何不可直接饲喂给动物？

大豆饼与豆粕营养全面、适口性好，粗蛋白含量一般在 40％ 以上，必需氨基酸含量较高，赖氨酸含量为玉米的 10 倍，是一种优质蛋白质饲料。但大豆中含有多种抗营养因子，包括膜蛋白酶抑制因子、凝集素、异黄酮、抗原蛋白、抗维生素因子、单宁、皂苷、脲酶、硫葡萄糖苷和生物碱等。这些抗营养因子通过干扰营养物质的消化吸收、破坏正常的新陈代谢和引起动物不良的生理反应等多种方式危害动物，从而在一定程度上降低了大豆及大豆制品在动物中的利用。这些抗营养因子不耐热，适当的热处理（110℃，3分钟）即可使其失去活性。

21. 如何鉴别豆粕和麦麸掺假？

（1）**豆粕或其他饲料原料掺假鉴别** 疑似掺有泥沙、滑石粉或碎玉米时，可用下列方法鉴别。

①水浸法：取豆饼（粕）25克，放入盛有250毫升清水的玻璃杯中浸泡2～3小时，然后用木棒轻轻搅动，若出现分层，上层为豆饼（粕），下层为泥沙，即为掺假。

②碘鉴别法：取少许豆饼（粕）放在干净的白瓷盘中，铺薄铺平，滴几滴碘酊，1分钟后，若其中有的物质变成蓝黑色，说明可能掺有玉米、麸皮（含小麦粉）、稻壳（含米粉）等淀粉类物质。

③生熟豆饼检查法：应选熟豆饼作为饲料原料，而不能用生豆饼，因为生豆饼含有抗胰蛋白酶、皂角素等物质，影响饲料的适口性和消化率。取尿素0.1克置于250毫升三角瓶中，加被测豆饼粉0.1克，加蒸馏水至100毫升，盖上瓶塞放于45℃的水中温热1小时。取红色石蕊试纸条浸入三角瓶中，如石蕊试纸变成蓝色，表示含生豆饼。

（2）**麦麸掺假简易鉴别方法** 将手臂插入一堆麸皮中然后抽出，如果手指上沾有白色粉末且不易抖落，则说明掺有滑石粉，如易抖落则是残余面粉。再用手抓起一把麸皮使劲攥，如果易成团，则为麸皮；如果攥时手有反弹的感觉，则可能掺有稻糠。

22. 畜禽用药时需停喂哪几类饲料？

（1）**麸皮** 含磷量为含钙量的4倍以上，在治疗因钙磷失调而患的软骨症或佝偻病时，应停喂麸皮。

（2）**大豆** 含有较多的钙、镁等，可与四环素族药物（如四环素、土霉素、强力霉素等）结合成不溶于水、难吸收的络合物，从而使这些抗生素的疗效降低。在用这些抗生素防病治病期间，应少喂或停喂豆类及饼粕类饲料。

（3）棉籽饼 影响维生素 A 的吸收利用，在防治维生素 A 缺乏症时，应停喂棉籽饼。

（4）钙质饲料 在用四环素族抗生素时，应停止饲用石粉、骨粉、贝壳粉、蛋壳粉、石膏粉等钙质饲料，以免钙过多而影响铁的吸收。

（5）食盐 在以下情况，应限喂或停喂食盐：①使用溴化物制剂时，以免食盐中的氯离子和溴离子加快排泄。②在口服链霉素时，以免降低链霉素的疗效。③治疗肾炎期间，以免水分在体内滞留引起水肿，使肾炎加重。

（6）磺胺类饲料添加剂 硫可加重磺胺类药物对血液的毒性，引起硫化血红蛋白血症。在应用含硫药物如硫酸镁、硫酸钙、硫酸钠、人工盐时，应停止用磺胺类饲料添加剂。

23. 鸡青绿饲料有哪些加工方法？

（1）切碎法 是青绿饲料最简单的加工方法，常用于农户少量养鸡。青绿饲料切碎后，有利于鸡吞咽和消化。

（2）干燥法 干燥的牧草及树叶经粉碎加工后，可供作配合鸡饲粮的原料，以补充饲粮中的粗纤维、维生素等营养。青绿饲料收割期分别为：禾本科饲草抽穗至开花期，豆科饲草初花至盛花期，树叶类在秋季。其干燥方法可分为自然干燥和人工干燥。

①自然干燥：是将收割后的牧草在原地暴晒 5～7 小时，水分含量降至 30％～40％时，再移至避光处风干，待水分降至 16％～17％时上垛或打包贮存备用。堆放时，在堆垛中间要留有通气孔。我国北方地区，干草含水量可在 17％限度内贮存，南方地区应不超过 14％。树叶类青绿饲料应放在通风好的地方阴干，要经常翻动，防止发热和日晒，以免影响产品质量。待含水量降到 12％以下时，即可进行粉碎。粉碎后最好用尼龙袋或塑料袋密封包装

贮藏。

②人工干燥：有高温干燥法和低温干燥法两种。高温干燥法在800～1 100℃下经过 3～5 秒钟，使青绿饲料的含水量由 60%～85% 降至 10%～12%；低温干燥法以 45～50℃，经数小时使青绿饲料干燥。

青绿饲料的人工干燥，可以保证青绿饲料随时收割、随时干燥、随时加工成草粉，可减少霉烂，制成优质的干草或干草粉，能保存青绿饲料养分的 90%～95%。而自然干燥只能保存青绿饲料养分的 40%，且胡萝卜素损失殆尽。但人工干燥工艺要求高、技术性强，且需一定的机械设备及费用等。

24. 夏季如何选择与应用蛋鸡饲料？

(1) 调整营养水平　炎热的夏季，由于气温高，致使产蛋鸡采食量下降，应适当提高饲料营养成分浓度。增加幅度要依采食量减少程度而定，一般增加 5%～10%。如产蛋高峰期蛋白质和代谢能水平应分别从 16.5% 及 11.5 焦耳/千克，调整为 17.6% 及 12.3 焦耳/千克，其他营养成分浓度调整比例大致相同。

(2) 注意原料选用　夏季产蛋鸡饲料中最好加入少量油脂，其好处不仅可提高代谢能值，而且可促进鸡采食，减少体增热，促进营养物质的吸收，提高饲料的利用效率。有条件的地方可用质量可靠的贝粉替代石粉，也可石粉、贝粉混合使用，贝粉与石粉的比例为1：3～1：4，贝粉中除含钙外，尚含少量氨基酸多糖，有促进鸡采食及消化的作用。对有异味的肉骨粉、血粉及肠衣、羽毛粉要慎用或不用。对不含蛋白质和能量的原料，如沸石粉、麦饭石粉要少用，添加量不宜超过 3%。

(3) 充分利用天然饲料　常用的饲料添加剂如维生素 C、碳酸氢钠、氯化钾及复合酶制剂等均有裨益，可降低产蛋鸡热应激，但会大幅增加饲料成本。合理选择天然饲料可确保产蛋鸡安全度过炎夏，而且不会增加饲料成本，而且无药残及耐药菌株产生的问题。

①大蒜：研究表明，大蒜素（精油）对多种球菌、痢疾杆菌、大肠杆菌、伤寒杆菌、真菌、病毒、阿米巴原虫、球虫和蛲虫均有抑制或杀灭作用，特别对于菌痢和肠炎有较好疗效，并有促进采食，助消化，促进产蛋，改善产品风味和饲料防霉作用。另外大蒜素可与维生素 B_1 结合，可防止后者遭破坏，故可增加有效维生素 B_1 的吸收。大蒜素还对动物免疫系统有激活作用。天然大蒜可直接（连皮）在产蛋鸡饲料中按 1％～2％比例添加。

②生石膏：生石膏研细末，按饲料 0.3％～1.0％比例混匀，有解热清胃火之效。还可以增加血清中钙离子浓度，降低骨骼肌兴奋性，缓解肌肉痉挛，对动物暑热症及热应激症颇为适用。

25. 降低蛋鸡饲料成本有什么好方法？

在养鸡的总成本中饲料成本所占的份额最大，占 60％～70％，而饲料浪费量约占全部饲料消耗量的 3％～8％，甚至多达 10％以上。因此，节约饲料能明显提高蛋鸡生产的经济效益。

（1）选用良种鸡 应选用体重小、饲料利用率高的蛋鸡品种；同一品种以中等体重为宜。产蛋量相同、体重大的比体重小的鸡耗料多。

（2）断喙 在雏鸡 6～9 日龄时进行断喙，可以有效防止啄癖发生，且在生长期每只鸡每天可节省饲料 3.5 克，产蛋期节省饲料 5.5克；每产一枚鸡蛋，节省饲料 12 克。

（3）实行笼养 笼养因环境稳定、活动量小以及饲养密度大，减少了散热量，因此吃料相应减少。据测算，笼养比散养可节省饲料20％～30％。

（4）实行保护喂养 最适宜鸡产蛋的舍温为 13～21℃。冬季舍温低于 8℃，每 100 只鸡每天要多吃饲料 1.5 千克，而且产蛋率下降；夏季天气炎热，鸡的采食量减少，产蛋率也下降。因此，在生产中应适当采取防护措施，夏季注意防暑降温，冬季要防寒保温，为鸡的生长发育提供适宜的环境条件，既有利于多产蛋，亦有利于节省饲料。据试验，冬季适当提高鸡舍温度，每只鸡每天可以节省 3.1 克粗蛋白质的多余消耗。

(5) 把好饲料关 不喂发霉变质的饲料,保证饲料的全价营养,因为饲料营养不全是最大的浪费。另外,饲料粉碎不能过细,否则易造成采食困难,料尘飞扬而浪费。

(6) 按季节配料 鸡群在冬季消耗热量多,应适当增加能量饲料的比例(占饲料总量的 65%～70% 为宜),夏季适当减少能量饲料的比例。

(7) 使用替代料 蛋白质饲料尤其是鱼粉的价格较高,用一些廉价的昆虫、蚯蚓、当地的小鱼虾、肉类加工副产品、水产品下脚料、粉渣、豆腐渣、糖渣、酒糟等,经适当加工调制后替代部分蛋白质饲料喂鸡,可大大降低饲料成本。

(8) 使用饲料添加剂 使用添加剂可以提高蛋白质饲料的利用率,亦有利于降低饲料成本。据报道,在一般饲料中添加 0.1% 的蛋氨酸,可使饲料蛋白质的利用率提高 2%～3%;添加赖氨酸,可减少饲料粗蛋白质用量的 3%～4%;添加维生素 B_{12} 等饲料添加剂,也能提高饲料粗蛋白质的利用率。

(9) 添喂维生素 C 在每 1 000 千克鸡饲料中添加 50 克维生素 C,可使产蛋率提高 10% 以上,节省饲料 15% 以上。

(10) 添喂砂砾 每周适量补喂一次砂砾,有助于鸡肌胃中饲料的研磨,帮助其消化和吸收,使饲料消化率提高 3%～8%。

(11) 改进料槽结构 喂鸡的料槽应底尖、肚大、口小。这样的料槽容料多,鸡不容易把饲料啄出来,鸡能吃净剩料。至于料槽高度,应以鸡能自由采食为主要准则。料槽添料量不宜过满,一般掌握在三分之一槽高,否则易造成抛撒浪费。

(12) 保证充足的饮水 鸡每产一枚鸡蛋需要消耗 340 毫升水。若在产蛋时缺水,可使产蛋量下降 30%。

(13) 及时驱虫 如果鸡体有寄生虫寄生,则鸡采食饲料所转化的营养物质就会被寄生虫吸收,造成"看似养鸡,实则养虫"的恶果。因此,一般应 30～60 天给鸡驱虫一次。

(14) 及时淘汰公鸡 公鸡一般比母鸡多吃 20%～25% 的饲料,因此,对多余的公鸡应及时进行淘汰;饲养种鸡,保持公、母比例

1：15，商品蛋鸡保持 1：20 为宜。

（15）淘汰低产母鸡 鸡群中常有 10%～30% 的低产鸡，把低产鸡淘汰掉，鸡群的产蛋量不会显著减少，但可以大大节省饲料。

26. 绿壳蛋鸡常用饲料配方有哪些？

绿壳蛋鸡的饲料配制以玉米、大麦为主，用 10%～15% 的鱼粉加 20% 左右的豆饼植物蛋白，再拌些切碎的胡萝卜、青菜叶、青草等青绿饲料。或者玉米 10%～40%、高粱或大麦 20%～30%、小麦或稗子 10%～20%、甘薯干 10%～30%、麸皮和米糠 10%～30%、豆饼或花生饼 10%～25%、鱼粉或骨粉 3%～5%、蛎粉或碳酸钙 2%～6%、槐叶粉或苜蓿粉 3%～5%、100 千克混合饲料中可加入青饲料 30～40 千克。

繁殖期喂绿壳蛋鸡蝇蛆、蚯蚓、地鳖虫等，可提高产蛋率。

（1）0～4 周龄鸡饲料配方

①玉米 73.96%、麦麸 3.8%、豆粕 18.1%、鱼粉 2%、磷酸钙 1.14%、石粉 0.73%、盐 0.25%、蛋氨酸 0.02%。

②玉米 72.92%、麦麸 2.3%、豆粕 21.3%、鱼粉 1%、磷酸钙 1.44%、石粉 0.64%、盐 0.35%、蛋氨酸 0.05%。

③黄玉米 55%、小麦粉 4%、谷粉 3%、麸皮 2.2%、豆粕 27%、鱼粉 6%、骨粉 1%、贝壳粉 1%、食盐 0.3%、添加剂 0.5%。

④玉米 62.63%、麦麸 3.9%、豆粕 28%、鱼粉 3%、磷酸钙 1.46%、石粉 0.65%、盐 0.25%、蛋氨酸 0.11%。

⑤玉米 61.69%、麦麸 1.6%、豆粕 32.8%、鱼粉 1%、磷酸钙 1.92%、石粉 0.5%、盐 0.35%、蛋氨酸 0.14%。

（2）5～8 周龄鸡饲料配方

①黄玉米 50%、小麦粉 8%、谷粉 6%、麸皮 6%、豆粕 22%、鱼粉 5%、骨粉 1%、贝壳粉 1.2%、食盐 0.3%、添加剂 0.5%。

②黄玉米 44%、小麦粉 6%、谷粉 9%、麸皮 10%、豆粕 13%、鱼粉 6%、骨粉 2.2%、贝壳粉 3%、草粉 6%、食盐 0.3%、添加剂 0.5%。

③黄玉米 43%、小麦粉 7%、谷粉 9%、麸皮 10%、豆粕 14%、鱼粉 5%、骨粉 2.2%、贝壳粉 3%、草粉 6%、食盐 0.3%、添加剂 0.5%。

④玉米 65.67%、麦麸 6.5%、豆粕 23.4%、鱼粉 2%、磷酸钙 1.35%、石粉 0.75%、盐 0.25%、蛋氨酸 0.08%。

⑤黄玉米 54.13%、高粱 5%、麦麸 4%、大麦 5%、鱼粉 10%、豆饼 16%、槐叶粉 3%、骨粉 2.5%、食盐 0.37%。

(3) 9～13 周龄鸡饲料配方

①黄玉米 52%、小麦粉 6%、谷粉 6%、麸皮 9%、豆粕 18%、鱼粉 5%、骨粉 1.2%、贝壳粉 2%、食盐 0.3%、添加剂 0.5%。

②玉米 64.63%、麦麸 5%、豆粕 26.6%、鱼粉 1%、磷酸钙 1.66%、石粉 0.66%、盐 0.35%、蛋氨酸 0.10%。

(4) 14～17 周龄鸡饲料配方

①黄玉米 46%、小麦粉 6%、谷粉 13%、麸皮 10%、豆粕 12%、鱼粉 5%、骨粉 1.7%、贝壳粉 1.5%、草粉 4%、食盐 0.3%、添加剂 0.5%。

②玉米粉 55%、碎米 10%、黄豆粉 8%、花生麸 10%、鱼粉 9%、麦麸 3%、统糠 3%、矿粉 0.25%、石膏粉 0.75%、骨粉及生长素 1%、多种维生素 0.012%和适量砂砾。

(5) 产蛋期鸡饲料配方

①黄玉米 51%、小麦粉 6%、谷粉 14%、麸皮 7%、豆粕 9%、鱼粉 4%、骨粉 2%、贝壳粉 1.2%、草粉 5%、食盐 0.3%、添加剂 0.5%。

②黄玉米 38%、小麦粉 10%、谷粉 12%、麸皮 10%、豆粕 13%、鱼粉 5%、骨粉 2.2%、贝壳粉 3%、草粉 6%、食盐 0.3%、添加剂 0.5%。

(6) 休产期鸡饲料配方

①玉米粉 20%、碎米 30%、黄豆粉 8%、花生麸 14%、鱼粉 8%、麦麸 9%、统糠 7%、矿粉 1%、石膏粉 2%、骨粉及生长素 1%、多种维生素 0.012%和适量砂砾。

②黄玉米 32%、碎米 27%、黄豆粉（炒熟）10%、花生麸

12%、米糠 2%、麦麸 3%、鱼粉 12%、石膏粉 0.75%、矿粉 0.24%、骨粉及生长素 1%、多种维生素 0.012%、适量鱼肝油及维生素 B 水溶液。

27. 鱼粉替代品有哪些？

鱼粉不仅蛋白质含量高，且有效营养成分丰富。随着我国养殖业的迅速发展，鱼粉供需日趋紧张且价格昂贵。经实践证明，不用鱼粉也同样可使畜禽获得与使用鱼粉相似的生产效果。下面简述几种鱼粉代替物及其用法。

(1) 畜禽产品废弃物替代鱼粉 以 8.5% 复合氨基酸替代 8.5% 进口鱼粉，可降低单位畜产品成本 8.16%；江西省鹰潭肉联厂利用猪毛、人发、猪肉及屠宰废弃物，经化学处理制成复合氨基酸，通过对育肥猪、仔猪、产蛋鸭使用试验表明：在同一基础日粮中，单独添加 3% 或 6% 复合氨基酸替代 10% 进口鱼粉，畜禽每增重 1 千克，分别比使用进口鱼粉降低成本 0.3 元左右。

(2) 肉骨粉代替鱼粉 江西省饲料公司用肉骨粉代替进口鱼粉，对 4 000 羽肉鸡饲喂试验表明：用 5% 肉骨粉全部替代 5% 进口鱼粉，肉鸡增重和饲料报酬与后者相同。

(3) 蛋氨酸、赖氨酸替代鱼粉 据上海饲料公司报道，在蛋鸡饲料中不加鱼粉而添加 0.15%～0.2% 蛋氨酸，饲料中的蛋白质含量可达到或超过 16.5%～17%。该公司又在肉鸡日粮中添加 0.1%～0.2% 的蛋氨酸，代替鱼粉用量 10% 的试验，获得相同的增重效果，降低单位饲养成本 26%，提高经济效益 35%。北京饲料研究所在蛋鸡日粮中添加 0.1% 的赖氨酸，获得与日用 10% 鱼粉、16% 粗蛋白日粮的相似饲养效果。

(4) 其他代替鱼粉的物质 某渔业机器仪器研究所对屠宰场排放的大量污水，进行生物处理及脱水，提取物粗蛋白含量为 46.75%，高于含粗蛋白 45% 的三级鱼粉，用于喂畜禽，畜禽增重、产蛋率同喂鱼粉效果比较相似。这种污泥广泛存在于工业、农业的废弃物中，是一种有待开发的蛋白饲料资源。

28. 动物性饲料简易加工方法有几种?

(1) 羽毛粉饲料加工方法 原料为禽类羽毛。将羽毛用水冲洗干净,晒干,然后在耐酸的锅中按 1∶6 的比例先放入羽毛,再放入 0.2% 的稀盐酸液,加盖煮沸到用手轻轻拉断时捞出,沥去酸液,然后在阳光下晒干,用粉碎机加工制成粉即可。加工好的羽毛粉饲料蛋白质含量在 70% 左右。

(2) 骨粉饲料加工方法 以动物骨头为原料。将动物骨头放入普通锅中连续煮沸 7～8 小时,待骨头上的脂肪煮出后,在阳光下晒干,然后加工成粉状即成,也可将骨头堆在金属架上进行焙烧,粉碎后即成骨粉饲料。骨粉饲料是补充钙、磷元素的好饲料。

(3) 肉骨粉饲料加工方法 主要原料是肉食品加工下脚料,将原料加水蒸煮,一般脏器煮 1 小时,头蹄组织煮 2～3 小时。煮后去掉汤表面的油脂,经烘干粉碎即成饲料。较好的肉骨粉呈淡红色,水分不超过 6%,粗蛋白质含量在 40% 以上。

(4) 血粉饲料加工方法 血粉主要以屠宰动物的血液为原料。将血液放入锅内加热,直到血液凝固和水分蒸发后,晾在水泥地板上直至干燥,然后加工制成粉状即成。值得注意的是,血液加热时要不断搅拌,加入 0.5%～1.5% 的生石灰,煮后将血块装入麻袋内挤压沥水,沥掉 50% 以上水分再晾晒,并每隔 1～2 小时翻动一次,直至晒干为止。血粉蛋白质含量可达 80%,水分不超过 10%。用土法进行饲料加工的血粉饲料应立即饲喂。

(5) 蛋壳粉饲料加工方法 以新鲜洁净蛋壳为原料,将蛋壳洗净放入锅内煮沸,捞出后再放入 60℃ 的铁锅内焙炒,炒脆后取出粉碎即成蛋壳粉饲料。蛋壳粉饲料是补充钙元素的好饲料。

(6) 鱼粉 海杂鱼、淡水鱼及海产品加工下脚料,均可作为鱼粉饲料加工的原料。先用晒干、烘干或水煮后晒干等方法对原料进行处理,然后进行加工制成粉状即成。水煮法经高温处理,质量一般较好。

29. 使用饲养标准时应注意什么？

饲养标准是发展动物生产、制订生产计划、组织饲料供给、设计饲粮配方、生产平衡饲粮、实行标准化饲养管理的技术指南和科学依据。但是，饲养标准具有条件性和局限性，为了达到预期的目的和效果，在应用饲养标准时，要充分注意以下原则。

(1) 适合性原则　在实际工作中应用饲养标准时，首先要看所选用的饲养标准是否适合应用的对象，必须认真分析饲养标准与应用对象的适合程度，重点把握饲养标准所要求的条件与养殖动物实际条件的差异，尽可能选择最适合养殖动物的饲养标准。

(2) 灵活性原则　同一品种畜禽，由于国家、地区、季节、环境温度以及饲料规格、质量和饲养技术不同，其饲养标准也应有所差异。但饲养标准是权威机构统一制定的，不可能制定适合于不同条件的多种饲养标准。因而，在其制定过程中不可能全面考虑影响营养需要所有因素，只能结合具体情况，按饲养标准规定的原则灵活应用。可见饲养标准规定的数值，并不是在任何情况下都固定不变的，在生产实践中要因地制宜地做出适当调整，不可机械地照搬执行。

(3) 效益性原则　应用饲养标准规定的营养定额，不能只强调满足动物对营养物质的客观要求，而不考虑饲料生产成本。必须贯彻营养、效益（包括经济、社会和生态等）相统一的原则。在饲料或动物产品市场变化的情况下，可以通过改变饲粮的营养浓度，不改变平衡，而达到既不浪费饲料中的营养物质又实现调节动物产品数量和质量的目的，从而体现效益性原则。

30. 不同配合饲料各有什么特点？

(1) 添加剂预混合饲料　为了把微量的饲料添加剂均匀混合到配合饲料中，将一种或多种微量的添加剂原料（各种维生素、微量元素、合成氨基酸和非营养性添加剂，如药物添加剂等）与稀释剂或载体按一定配备均匀混合而成的产品，称为添加剂预混合饲料，简称预混料。通常要求其在配合饲料中添加 0.01%～5%，一般按最终配合饲料产品的总需求为依据设计，因其含有的微量活性组分是配合饲料饲用效果的决定因素，常称其为配合饲料的核心。添加剂预混合饲料不能直接饲喂畜禽。

(2) 浓缩饲料 又称蛋白质补充饲料，由添加剂预混合饲料、蛋白质饲料（鱼粉、豆粕、血粉等）和常量矿物质饲料（骨粉、石粉和食盐等）配制而成。浓缩饲料含营养成分的浓度很高，某些成分约为全价配合饲料的 2.5～5 倍，饲喂前必须按一定比例与能量饲料（玉米、高粱、大麦等）混合，才能构成全价配合饲料或精料补充饲料。一般在全价配合饲料中占 20%～40% 的比例。

(3) 全价配合饲料 由 60%～80% 的能量饲料和浓缩饲料配合而成。能全面满足动物的营养需要，主要包括蛋白质、能量、矿物质、微量元素、维生素等物质。全价配合饲料可直接用来饲喂动物。配合饲料所含养分及其比例越符合动物营养需要，越能最大限度地发挥动物生产潜力及经济效益，其全价性也越好。

(4) 精料补充饲料 主要由能量饲料、蛋白质饲料和矿物质饲料等组成的一种配合饲料，用于牛、羊等食草家畜，旨在补充青粗料中养分的不足。

(5) 混合饲料 又称初级配合饲料，是由几种单一饲料，经过简单加工粉碎，混合在一起的饲料。其配比只考虑能量、蛋白质等几项主要营养指标，产品质量较差，营养不完善，但比单一饲料有很大改进。混合饲料可直接用于饲喂动物，但饲养效果不够理想。

31. 配合饲料有哪些优越性？

配合饲料的优越性主要表现在以下几个方面：

(1) 最大限度地发挥畜禽的生产潜力，提高经济效益 配合饲料是根据动物的营养需要、动物消化生理特点及饲料的营养特点，应用动物营养学、饲料学等最新现代科技成果，运用科学配方设计方法制定饲料配方，并采用先进的加工工艺生产的。它避免了单一饲料营养物质不平衡而造成的饲料浪费，使饲料中各种营养物质比例适当，能够充分满足不同种类动物的营养需要。同时，也能够科学合理地选用各种饲料添加剂，减少动物各类疾病的发生，从而最大限度地发挥动物的生产潜力，使动物生长快，产品产量高，饲料成本低，饲料消耗少，饲养周期短，提高饲料转化率和经济效益。

（2）充分合理高效地利用饲料资源，节约粮食　工业化生产配合饲料能充分利用人类可食用的谷物或人类不能直接利用的农副产品、牧草及其他饲料资源，如榨油工业、粮食加工业、屠宰业、发酵酿造业、制药业等的下脚料，企业可以大批量购入或直接进口质优价廉的饲料原料，促进饲料资源的开发，节约粮食，降低饲料成本，同时，有助于维持生态平衡，保护环境。

（3）具有预防动物疾病和保健助长的作用，保证饲用安全　配合饲料通常是采用现代化的成套设备，经过特定的加工工艺生产的，由于机械的强力搅拌，能把配合饲料中百万分之几含量的微量成分混合均匀，价值完善的原料和成品检测手段及质量控制体系，能够保证饲用的安全性，具有预防疾病、保健助长的作用。

（4）可减少养殖业的劳动支出和设备投资，利用方便　由专门的生产企业集中生产的配合饲料，节省了养殖企业和养殖户的大量设备和劳动支出。因此，简化了养殖者的生产劳动，节省了畜牧场劳动力与设备的投入。

（5）工业化生产配合饲料产品，质量有保证　配合饲料应用面广，商品性强，规格明确，能够保证质量。

32. 如何科学选用饲料原料？

畜禽饲料原料种类多、来源广，不同种类的饲料原料其营养价值不同，同一种饲料原料因质量有差异其营养价值也不同；即使是质量、营养价值相同的同一种饲料原料，但在不同时期其价格也不一样。按经验评价某种饲料原料价格的高低，往往只能定性，难以定量；而按营养成分的价格则可以选择价廉、质优的饲料原料。在饲料中消化能和粗蛋白质是两项最主要的营养指标，绝大多数原料也都含有这两种营养成分。依据饲料营养成分的价格选用原料是一种简便有效的方法，应用时要掌握以下几点。

（1）选择原料时，不能单看价格高低，要看原料质量，包括含水量多少，是否饱满、整齐，有无霉变现象，杂质是否超标等。购入大批原料时，最好先取样进行成分分析和营养价值评定。

（2）对选用或被更替的原料，不要"绝对化"或"一刀切"，总的说是个"多用"和"少用"的问题，也就是价格相对较低的原料可以多配用一些，价格相对较高的原料则尽量少配用一些。任何一种饲料原料都有其优点和不足之处，有的饲料原料有独特作用，有的饲料原料含有毒害物质。如玉米能量含量较高，但粗蛋白质含量较低，必须配合蛋白质饲料原料使用；豆粕粗蛋白质含量高，能量含量也不低，过多使用则造成蛋白质资源浪费；麸皮质地疏松，尽管能量、粗蛋白质含量都不很高，但具止泻性，对饲喂妊娠母猪很有好处。

（3）选用某种原料，应根据其营养成分特点和饲养标准要求，有针对性地补充某些营养物质，使各种养分之间相互平衡，达到充分利用的目的。如花生饼粕的粗蛋白质含量比较高，棉籽饼粕的粗蛋白质含量也不低，但这两种原料的赖氨酸含量都相对较低，与豆粕、豆饼配用或添加适量赖氨酸，就可以实现必需氨基酸之间的平衡。

（4）选用某种原料，还要看其营养物质浓度是否同养殖动物的消化器官结构特点和采食量相适应，而确定配用的大体比例。如2.5千克甘薯秧粉的消化能相当于1千克玉米，而粗蛋白质含量为玉米的2倍以上，且价格也较便宜。但若用过多的甘薯秧粉喂猪，因猪是单胃动物，胃容积相对较小，采食与玉米同等重量的甘薯秧粉时，由于其营养物质浓度低，满足不了所需求的营养成分而影响生产性能，所以甘薯秧粉的用量不能过多。

（5）选定原料更换种类后，应按养殖动物营养需要量的要求重新计算配方，必要时应针对不同营养需求适当调整投喂量，以确保在不同生产阶段获得足够的营养供应。

33. 颗粒饲料的优越性有哪些?

颗粒饲料与粉状饲料相比有许多优点：①制粒过程中，在水分、温度和压力的综合作用下，使淀粉糊化和裂解，纤维素和脂肪的结构有所改变，有利于畜禽充分消化、吸收和利用各种营养物质，提高了饲料的消化率。②制粒时加入糖蜜、油脂，改善了饲料的适口性。③防止畜禽挑食造成营养不均衡。④缩短采食时间，减少畜禽由于采食活动造成的营养消耗。⑤饲喂方便，节省劳动力。⑥在装卸搬运过程中各种组分不会自动分级，能保持饲料中微量成分的均匀性。⑦减少成品运输过程中的粉尘，并降低微量元素的损失。⑧颗粒饲料体积小，不易受潮，便于散装储存和运输。⑨颗粒饲料在压制过程中，经蒸汽高温杀菌，饲料不易霉变生虫，有利于储存。⑩畜、禽食用颗粒饲料，增重效果明显，减少饲料消耗，可以根据不同畜禽、不同生长期的需要制备饲料。

但是颗粒料也有以下缺点：一是制粒的成本高；二是如果制粒过程控制不好，可能造成饲料中相关物质的活性降低，如会对饲料中添加的维生素造成破坏，尤其是维生素 A 和维生素 E。三是有可能掺假或掺杂粕及非常规原料，因此，在使用过程中需仔细辨别。

34. 什么是微生态制剂？在畜禽生产中有何作用？

微生态制剂也称为微生态调节剂，是根据微生态学原理，利用对宿主有益的正常微生物及其代谢产物和生长促进物质所制成的制剂，通过"抗菌"黏附定植及生物屏障等作用调整和保持微生态平衡，改善宿主的健康状态。

微生态制剂在畜禽营养生理与饲料中的应用：

由于与微生物菌群失调相关的疾病越来越多地出现，所以调节机体正常菌群平衡的微生态制剂开始受到更多关注。

（1）维持动物肠道内微生态系统的平衡

动物在消化道内有特定的有益微生物来维持消化道内的菌群平衡，促进动物生长和饲料的消化与吸收，但在环境和饲料改变引起的应激会造成消化道内微生物区系的紊乱，使病原菌大量繁殖，引起消化道疾病，导致生长受阻。微生态制剂可以调节动物肠道菌群，抑制有害菌的生长。

（2）提高动物机体免疫力

益生菌在动物疾病特别是肠道感染的防制中起着重要作用，并且通过多种途径弥补了抗生素的不足，为动物的健康和获得安全食品开辟了新的途径。例如，促进免疫细胞、组织和器官生长发育；刺激机体产生抗体，提高免疫细胞的活性等。

（3）改善动物体内消化酶活性

益生菌自身可以分泌多种消化酶，如蛋白酶、淀粉酶、脂肪酶、果胶酶、葡聚糖酶和纤维素酶等，或其分泌物能提高消化酶的活性，从而提高营养物质的消化率和能量的利用率，促进动物对营养物质的吸收。

（4）改善动物生产性能，提高畜禽产品质量

提高肉仔鸡的饲料转化率，且能促进其免疫器官的发育，显著提高并保持循环血液中抗体水平。

（5）净化畜禽房舍环境

畜禽由于对饲料营养物质消化不全，缺乏妥善管理，对环境造成了巨大影响，同时也影响了畜禽的安全生产和人们的食品安全。微生态制剂可以抑制肠道内腐败菌的生长，降低脲酶活性，减少蛋白质向胺和氨的转化，降低肠内和血液中氨及铵的含量，减少氨等有害气体的排出，改善舍内空气质量。此外，益生菌还能影响矿物元素的代谢，提高宿主对矿物元素的吸收，减轻生物病原污染及氮和磷对环境的污染。

二、日常防疫知识问答

1. 何为兽药？兽药可分为几类？

兽药是指用于预防、治疗、诊断动物疾病或者有目的地调节动物生理机能的物质（含药物饲料添加剂），主要包括疫苗、血清制品、化学药品、抗生素、生化药品、微生态制品、中药材、中成药、放射性药品、外用杀虫剂、消毒剂及诊断制品等。

兽药大致可归纳为四类：①一般疾病防治药；②传染病防治药；③体内外寄生虫病防治药；④促生长药。

2. 什么是病原微生物？

病原微生物是指可以侵入人或动物机体，引起感染甚至传染病的微生物，也称病原体。病原体中，以细菌和病毒的危害性最大。病原微生物包括病毒、细菌寄生虫（原虫、蠕虫、医学昆虫）、真菌等。

病原体侵入动物机体，机体就是病原体生存的场所，医学上称为病原体的宿主。

病原体在宿主中进行生长繁殖、释放毒性物质等引起机体不同程度的病理变化，这一过程称为感染。动物机体在发生感染的同时，能激发机体免疫系统产生一系列免疫应答而与之对抗，称之为免疫。

感染和免疫是一对矛盾，其结局如何，根据病原体和宿主两方面力量强弱而定。如果宿主免疫系统足够强壮，可能不形成感染；即使形成了感染，病原体也多半会逐渐消亡，动物康复；如果宿主很虚弱，免疫系统机能下降，而病原体很凶猛，则感染扩散，甚至导致动物死亡。

对于细菌引起的感染，可以用有效的抗菌药物治疗；而对于病毒引起的感染，抗菌药物没有效果，病毒性疾病有细菌混合感染或继发感染时，须用抗菌药物配合治疗。

3. 怎样消灭外界环境中的病原微生物？

消灭外界环境中病原微生物的方法很多，最常用的有：

(1) 化学消毒法 应用化学消毒剂杀灭病原微生物，如禽舍、饲养室用具、产蛋箱、孵化器等可以用来苏儿、石灰水、草木灰水、氢氧化钠溶液等喷雾消毒，或用福尔马林等进行熏蒸消毒。

(2) 生物热消毒法 多量的粪便、垫草和污水，可堆积发酵，利用生物热杀灭病原体，达到消毒目的。

(3) 直射日光照射法 太阳光谱中有紫外线，具有较强的杀菌作用，可以杀死地面、用具、空气尘埃中的病原微生物。在直射阳光下，巴氏杆菌6～8分钟就可被杀死，口蹄疫病毒1小时可被杀死。

(4) 煮沸消毒法 是简便、经济、实用的消毒方法，适用于注射器、针头和外科器械的消毒。工作人员的工作服也可采用煮沸或开水浸泡的方法，以杀死上面的病原微生物。

(5) 焚烧或深埋法 焚烧或深埋，感染传染病的病禽尸体，可以杀灭这些尸体内存在的病原微生物。

4. 什么是革兰氏阳性菌、革兰氏阴性菌？两者有什么区别？

革兰氏染色法是细菌学中广泛使用的一种鉴别染色法，1884年由丹麦医师 Gram 创立。细菌先经碱性染料结晶染色，而经碘液媒染后，用酒精脱色，在一定条件下有的细菌不脱色，有的可被脱去，因此可把细菌分为两大类，前者叫作革兰氏阳性菌（G^+），后者为革兰氏阴性菌（G^-）。为方便观察，脱色后再用一种红色染料如碱性蕃红等进行复染。阳性菌仍带紫色，阴性菌则被染上红色。芽孢杆菌和绝大多数球菌，以及所有的放线菌和真菌都呈革兰氏阳性反应；弧菌、螺旋体和大多数致病性的无芽孢杆菌都呈革兰氏阴性反应。

两者的区别：①细胞壁组成成分不同。革兰氏阳性菌细胞壁含大量的肽聚糖，含磷壁酸，不含脂多糖；革兰氏阴性菌含极少肽聚糖，含脂多糖，不含磷壁酸。两者的不同还表现在各种成分的含量不同，尤其是脂肪含量明显不同，革兰氏阳性菌脂肪含量为 $1\%\sim4\%$，革兰氏阴性菌脂肪含量为 $11\%\sim22\%$。

②细胞壁结构不同。革兰氏阳性菌细胞壁较厚，为 $20\sim80$ 纳米，结构较简单。革兰氏阴性菌细胞壁较薄，为 10 纳米，其结构较复杂，分为外壁层和内壁层；外壁层又分 3 层，最外层是脂多糖，中间是磷脂层，内层为脂蛋白，内壁层含肽聚糖，不含磷壁酸。

5. 畜禽常用消毒药品有哪些？

（1）过氧化物类消毒药

①过氧乙酸：又叫醋酸，具有很强的广谱杀菌作用，能有效杀死细菌繁殖体、结核杆菌、真菌、病毒、芽孢和其他微生物。配成 $0.1\%\sim0.2\%$ 浓度，用于厩舍内外环境、用具及带畜禽消毒。注意带畜禽消毒时不要对着畜禽头部喷雾，以免伤害眼睛。

②高锰酸钾：又称锰酸钾或灰锰氧，是一种强氧化剂，能氧化微生物体内的活性基团而杀灭微生物。常配成 $0.1\%\sim0.2\%$ 浓度，用于畜禽饮水消毒，皮肤、黏膜消毒，以及对母猪产前乳头、会阴等局部消毒。

（2）氯化物类消毒剂

氯化物类消毒剂杀菌谱广，能有效杀死细菌（如结核杆菌）、真菌、病毒、阿米巴包囊和藻类，作用迅速，其残氯对人和动物无害。其缺点是对金属用品有较强腐蚀性，高浓度对皮肤黏膜有一定刺激性。

①漂白粉：其有效成分为次氯酸钙，杀菌谱广，作用强，但不持久。主要用于厩舍、畜栏、饲槽、车辆等消毒。用 $5\%\sim10\%$ 混悬液喷洒，或用干粉末撒布。$0.03\%\sim0.15\%$ 用于饮水消毒。

②次氯酸钠（NaClO）：次氯酸钠是液体氯消毒剂，是一种有效、快速、杀菌力特强的消毒剂。目前广泛用于水、污水及环境消毒。畜禽水质消毒，常用维持量 $0.0002\%\sim0.0004\%$ 有效氯。用于畜禽舍

内外环境消毒，常用 0.000 5%～0.001% 有效氯的氯消毒剂溶液。用 0.000 5% 浓度氯溶液带畜（禽）喷雾消毒。

③菌毒王消毒剂：菌毒王是一种含二氧化氯的二元复配型消毒剂。消毒剂与活化剂等量混合活化后，可释放出游离的二氧化氯。二氧化氯具有很强的氧化作用，能使微生物蛋白质中的氨基酸氧化分解。因此能杀灭各种细菌、霉菌、病毒和藻类等微生物。本品具有安全、高效、广谱等特点，目前广泛应用于畜禽场、饲喂用具、饮水、环境等方面消毒。畜禽水质消毒常用 0.000 5%，环境消毒用 0.02%，饲喂用具消毒用 0.07%。

④强力消毒王：强力消毒王是一种新型复方含氯消毒剂。主要成分为二氯异氰尿酸钠，加入阴性离子表面活性剂等。本品有效氯含量为 20%，消毒杀菌力强，易溶于水，正常使用对人、畜无害，对皮肤、黏膜无刺激，无腐蚀性，并具有防霉、去污、除臭的效果，且性能稳定、持久耐贮存；可带畜禽喷雾消毒；对各种病毒、细菌、霉菌及畜禽寄生虫虫卵均有较好的杀灭作用。根据消毒范围及对象，先用少量水溶解成悬浊液，再加水逐步稀释到规定比例。

（3）碘类消毒剂　碘是广谱消毒剂，对细菌、结核杆菌、细菌芽孢、真菌和病毒等都有快速杀灭作用。

①碘酊（碘酒）：是一种温和的碘消毒剂，常用浓度为 2%，由碘 2 克、碘化钠或碘化钾 2 克，乙醇（70%）加至 100 毫升配制而成。临床常用 2% 碘酊作为注射部位及外科手术部位皮肤、黏膜及各种创伤或感染的消毒。

②碘伏：其浓度比游离碘高 10 倍以上。易溶于水，碘伏对皮肤和黏膜无刺激性，也不致引起碘的过敏反应。杀菌能力与碘酊相似，除有消毒作用外，还有清洁作用，且毒性极低。对碳钢、铜和银以及其他金属均无腐蚀性。临床常用 1% 浓度的碘伏，用于注射部位、手术部位的皮肤、黏膜以及伤口、感染部位的消毒。也可用于临产前母猪乳头、会阴部位的清洗消毒。

碘和碘伏也可用于水的消毒，特别是饮水的紧急处理，用 0.000 8% 有效碘，作用 10 分钟，能有效地杀死水中的微生物。

③特效碘消毒液：特效碘消毒液为复方络合碘溶液，具有广谱长

效、无毒、无异味、无刺激、无腐蚀、无公害等特点。能杀灭大肠杆菌、绿脓杆菌、沙门氏菌、葡萄球菌、化脓性链球菌、炭疽杆菌、破伤风杆菌、巴氏杆菌、肺炎双球菌等，且能杀灭肝炎病毒、副黏病毒、痘病毒等。常将0.3％特效碘消毒剂40～80倍稀释后用于畜禽舍喷雾消毒。

(4) 洗必泰 洗必泰是一种毒性、腐蚀性和刺激性都低的消毒剂，其抑菌能力非常强，尤其对大肠杆菌、伤寒杆菌、绿脓杆菌、金黄色葡萄球菌、炭疽杆菌都有很高的抑制作用。本品很低浓度也有很强抑菌作用，且维持较长时间。目前国内主要有双醋酸洗必泰和双盐酸洗必泰两种。0.5％洗必泰主要用于外科手术前人员手臂和皮肤、黏膜部位消毒，0.1～0.2％洗必泰水溶液可用于临产猪擦洗胸腹下、乳头、后臀部、会阴等部位的消毒。也可以用于产房带猪消毒。

(5) 季铵盐类消毒剂 季铵盐又称阳离子表面活性剂，有新洁尔灭、杜灭芬、百菌灭等。主要用于物品或皮肤消毒。季铵盐化合物的优点：毒性极低，安全、无味、无刺激性，在水中易溶解，对金属、织物、橡胶和塑料等无腐蚀性。其抑菌能力很强，但杀菌能力不太强，主要对革兰氏阳性菌抑菌作用好，对革兰氏阴性菌较差。对芽孢、病毒及结核杆菌作用差，不能将其杀灭。目前研制出的复合型双链季铵盐化合物较传统季铵盐类消毒剂杀菌力强数倍。有的产品还结合杀菌力强的溴原子，增强了分子亲水性及亲脂性，杀菌作用提高。

①新洁尔灭：是季铵盐类消毒剂，易溶于水、醇。本品毒性低，无刺激性，不着色，不损坏消毒物品，使用安全。临床常配成0.1％的浓度用于外科手术中器械及人员手臂的消毒。

②杜灭芬：也称消毒宁。属于季铵盐类消毒剂。本品能扰乱细菌的新陈代谢，产生抑菌、杀菌作用。常配成0.02％～1％溶液用于皮肤、黏膜消毒及局部感染湿敷。

③瑞德士—203消毒杀菌剂：是由双链季铵盐和增效剂复配而成。本品具有低浓度、低温快速杀灭各种病毒、细菌、真菌、寄生虫虫卵、藻类、芽孢的作用。预防消毒用40型号的本品，按3 200～4 800倍稀释进行畜禽舍内外及环境的喷洒消毒，按1 600～3 200倍稀释用于疫场消毒。

④百菌灭消毒剂：百菌灭是复合型双链季铵盐化合物，并结合了最强杀菌力的溴（Br）原子。能杀灭各种病毒、细菌和霉菌。预防消毒，将本品按1∶800～1 200倍稀释，用于畜禽舍内喷雾消毒；按1∶800倍稀释可用于疫情场内外环境消毒；按1∶3 000～1∶5 000倍稀释，可长期或定期作为饮水系统消毒。

⑤畜禽安消毒剂：是复合型第五代双单链季铵盐化合物，比传统季铵盐类消毒剂抗菌谱广、高效，能杀灭各种病毒、细菌和霉菌，适用条件广泛，不受环境、水质、pH、光照、温度的影响。预防消毒常用浓度，40%的畜禽安按3 500～6 000倍稀释，用于畜禽舍的喷洒消毒，按1 200～3 000倍稀释，可用于疫场环境和畜禽舍内喷洒消毒。

(6) 乙醇 为临床常用的消毒剂，可使细菌蛋白质变性，干扰细菌新陈代谢，迅速杀死各种细菌繁殖体；但不能杀死芽孢，对病毒和真菌孢子效果也不敏感，需长时间才能有效。常配成70%～75%乙醇溶液用于注射部位皮肤、人员手指、注射针头、体温计等消毒。

(7) 来苏儿（皂化甲酚溶液） 来苏儿是人工合成酚类的一种，是甲酚和肥皂的混合液，可以使微生物原浆蛋白质变性、沉淀而起杀菌或抑菌作用。能杀死一般细菌，对芽孢无效，对病毒与真菌也无杀灭作用。常配成1%～2%的浓度用于体表、手指和器械消毒。5%的皂化甲酚溶液用于畜禽污物消毒等。

(8) 菌毒敌消毒剂 菌毒敌消毒剂（原名农乐），是一种高效、广谱、无腐蚀的畜禽消毒剂。本品作用强，可杀灭各种病毒、细菌和霉菌，如口蹄疫病毒、水泡病毒、狂犬病毒、伪狂犬病毒、大肠杆菌、沙门氏菌、巴氏杆菌、猪丹毒杆菌，对炭疽杆菌、结核杆菌等均有较好杀灭作用。常规预防消毒按1∶300倍稀释，用于畜禽场内外环境消毒。按1∶100倍稀释可用作特定传染病病毒及车辆喷雾消毒。

(9) 甲醛溶液（福尔马林） 甲醛是一种杀菌力极强的消毒剂，能有效地杀死各种微生物（包括芽孢），但杀菌作用迟缓。配成5%甲醛酒精溶液，可用于手术部位消毒；10%～30%甲醛溶液可用于治疗蹄叉腐烂；10%～20%福尔马林（相当于4%～8%甲醛溶液），可作喷雾、浸泡、熏蒸消毒。

(10) 氢氧化钠（苛性钠） 氢氧化钠属于碱类消毒药，能溶解蛋白质，破坏细菌的酶系统和菌体结构，对机体组织细胞有腐蚀作用，本品对细菌繁殖体、芽孢、病毒都有很强的杀灭作用，对寄生虫虫卵也有杀灭作用。常配成2%热溶液用于病毒和细菌及弓形体污染的猪舍、饲槽和车轮等消毒。5%溶液用于炭疽芽孢污染场地消毒。也可用于腐蚀皮肤赘生物、新生角质等。

(11) 硼酸 硼酸是酸类消毒药的一种，只有抑菌作用没有杀菌作用，但刺激性很小，不损伤组织。常配成2%～4%的溶液，冲洗眼、口腔黏膜等。3%～5%溶液冲洗新鲜创伤。

6. 如何正确合理使用消毒防腐药?

在防治畜禽传染病中，合理使用防腐消毒药是很重要的，针对不同的消毒物体，应选择理想的消毒药物。理想的消毒药应杀菌性能好、作用迅速，对人畜无损害，性质稳定，可溶于水，无易燃性和爆炸性，价格合适。现有的消毒药对病原微生物的杀灭范围各有不同，目前还没有一种消毒药能在任何条件下杀死所有的病原微生物。消毒药的作用会受许多因素的影响而增强或减弱，在养殖生产中，为了充分发挥消毒药的效力，对影响消毒药作用的因素应该很好地了解。

(1) 环境中有机物质的影响 当环境中存在大量有机物如畜禽粪尿、血、炎性渗出物等时，能阻碍消毒药直接与病原微生物接触而影响消毒药效力的发挥。另一方面，这些有机物能中和和吸附部分药物，使消毒作用减弱，因此在使用消毒药物前，应先进行充分的机械性清扫，清除消毒物品表面的有机物，使消毒药能够充分发挥作用。

(2) 微生物的敏感性 不同的病原微生物对消毒药的敏感性有很明显的不同，如病毒对碱和甲醛很敏感，而对酚类的抵抗力却很大。大多数的消毒药对细菌有作用，但对细菌芽孢和病毒作用很小，因此在消灭传染病时应考虑病原的特点选用消毒药。

(3) 消毒药的浓度 一般说来，消毒药的浓度越高杀菌力也就越强，但随着药物浓度的增高，对活组织的毒性也相应地增大。另一方面，当浓度达到一定程度后，消毒药的效力就不再增高。因此，在使用时应选择有效和安全的杀菌浓度，如70%的酒精杀菌效果要比

95％的酒精好。

（4）药物作用的时间 一般情况下，消毒药的效力与作用时间成正比，与病原微生物接触并作用的时间越长，其消毒效果就越好。作用时间若太短，往往达不到消毒的目的。

（5）消毒药的温度 消毒药的杀菌力与温度成正比，温度增高杀菌力增强，一般温度每增高 10℃，消毒效果增强 1～2 倍，夏季消毒作用比冬季要强。

7. 使用消毒防腐药注意事项有哪些？

（1）消毒防腐药在杀灭病原微生物的同时，也能损害动物机体组织细胞。故消毒防腐剂只能用于环境用具或局部抗感染，而不能用于全身性感染。

（2）应用消毒防腐药前一定要把消毒场所打扫干净，用于局部抗感染时，把感染创伤中的脓血冲洗干净，尽可能地减少有机物含量。

（3）一定要根据各种消毒防腐药的特性，选用适当的浓度和作用时间。

（4）几种消毒剂不可同时混用，几种消毒剂同时混用，会产生相互颉颃现象，从而降低药效。但在同一场所，用几种消毒剂先后搭配使用，则能增加消毒效果，如用喷雾消毒剂后又用熏蒸消毒剂。

（5）只有溶液才能进入菌体与原生质接触，而固体、气体都不能进入细菌的细胞。所以，固体消毒剂必须溶于水中，气体消毒剂必须进入细菌周围的液层中，才能呈现杀菌作用。

（6）有些消毒剂具有刺激性气味，如甲醛等；有些消毒剂对畜禽的皮肤有腐蚀性，如氢氧化钠等；当畜禽舍使用这些消毒剂后，不能立即进畜禽。有些消毒剂有挥发性气味，如臭药水、来苏儿等，使用这些消毒剂时应避免污染饲料、饮水，否则影响畜禽食欲。

8. 消毒时应注意哪些事项？

（1）选择适当的消毒剂 在消毒前可根据消毒的目的和用途选择

对病原体杀灭作用强、维持时间长、对人畜毒性小的药品。并且消毒剂应具备不损伤物体和器械、易溶于水、价廉、使用方便等优点。但在实际工作中很难选出完全符合这些条件的消毒药，只能根据当地实际情况，选择适当的消毒剂。

（2）注意影响消毒效果的因素 ①环境与畜禽舍的消毒。首先要彻底清扫、洗刷、去除粪便和其他有机污物，畜禽舍内的顶棚也要清扫，去除尘埃和蜘蛛网，否则影响消毒效果。②带畜禽消毒时，一定要采用对人畜刺激性小、毒性低的消毒剂，喷嘴向上喷出雾粒，喷出的雾粒直径大小应控制在 80 ～ 120 微米，不能直接对着畜禽头部喷雾消毒，防止对畜禽眼睛造成伤害。带畜禽消毒可根据具体情况每3～5天进行一次。③消毒药物使用浓度与消毒效果成正比，必须按规定的浓度使用，否则影响消毒效果。④药物温度与消毒效果也呈正比关系。如热火碱水。用福尔马林加热熏蒸消毒时，一定要在无畜禽的情况下关闭门窗，将缝隙密封，在不影响转群等情况下连续熏蒸8～10小时，然后打开门窗排出剩余药物气体后再转入畜禽。⑤对畜禽饮水消毒时，切不可随意加大水中消毒药物的浓度或让畜禽长期饮用含药水，否则可引起急性中毒，也会杀死或抑制肠道内的正常菌群，影响畜禽的健康。生产中常用的饮水消毒剂多为氯制剂、碘制剂和季铵盐类。

9. 如何配制草木灰水、石灰乳等常用消毒剂？

（1）草木灰水

①配制：取草木灰30份，加水100份，煮沸1小时，补足蒸发掉的水分，过滤后取滤液使用。

②用法：可用作畜禽舍、地面、圈栏、用具、工作服等的消毒。草木灰必须新鲜、干燥，草木灰水趁热使用效果较好。

（2）石灰乳

①配制：取生石灰10份，加水10份，待石灰块化成糯糊状，再加水40～90份，即成10%～20%的石灰乳。

②用法：常用作畜禽舍的墙壁、地面、圈栏等消毒。石灰乳中加

入 1%～2% 的烧碱，可增强消毒效果。宜现配现用。

（3）生石灰粉

①配制：临用时取生石灰 10 份，加水 5～6 份，使其分解成粉末即可使用。

②用法：适用于撒门口消毒池内，也可用作畜禽舍（尤其是阴暗潮湿的地面）、粪池及污水等的消毒。不要放置过久，否则失掉消毒作用。

（4）烧碱

①配制：取 97～99 份水加 1～3 份烧碱，充分溶解后即成 1%～3% 的烧碱水。

②用法：可作畜禽舍、运输工具等的消毒。在烧碱液中加入 5% 石灰水，可增强消毒效果。此药应趁热使用，烧碱有强烈的腐蚀性，用时要注意人畜安全。

（5）漂白粉

①配制：取 5～20 份漂白粉，加水 30～95 份，搅拌后即成为 5%～20% 混悬液。

②用法：可用作禽舍、用具、地面、粪便、污水等的消毒。漂白粉应装在密封的容器内，本品有强烈的腐蚀性，不能用作金属及工作服的消毒，使用时要注意人畜安全。混悬液配后在 48 小时内用完，喷雾器用完后要立即洗净。

10. 如何用甲醛进行熏蒸消毒？

甲醛价格低、无腐蚀性，对绝大多数病原微生物（包括芽孢和真菌）都有强大的杀灭作用，常用作熏蒸消毒。其消毒作用与环境温湿度关系很大，温度越高消毒效果越好。在熏蒸消毒时，应使环境相对湿度达到 80%～90%，才能使其充分发挥消毒作用。熏蒸消毒时可将福尔马林加 3～5 倍的水，放入铁锅中加热煮沸。用高锰酸钾作氧化剂熏蒸时，可在甲醛溶液中加入 2 倍量的水，注意不要直接将高锰酸钾投入甲醛溶液中，以免溅出伤人。正确的熏蒸方法是选用陶瓷或搪瓷容器，将高锰酸钾溶于 30～40℃ 的温水中，然后再缓慢加入加水的甲醛溶液，注意容器的容积应大于高锰酸钾溶液和甲醛溶液总容积的 3～4 倍。

11. 什么是抗生素？兽用抗生素有哪些类型？

抗生素一般是指由细菌、霉菌或其他微生物在繁殖过程中产生的，能够杀灭或抑制其他微生物的一类物质及其衍生物，用于治疗敏感微生物（常为细菌或真菌）所致的感染，兽用抗生素按其化学结构及主要作用可分为以下几类。

(1) 主要作用于革兰氏阳性菌的抗生素

①青霉素类：其化学结构中含有 β-内酰胺环，能破坏细菌的细胞壁而起杀菌作用，是最早用于临床的抗生素，疗效高，毒性低。临床主要用于革兰氏阳性菌、钩端螺旋体、放线菌引起的疾病。如青霉素 G（苄青霉素）、氨苄青霉素（氨苄西林、安比西林）、羟氨苄青霉素（阿莫西林）、羧苄青霉素（卡比西林）等。

②头孢菌素（先锋霉素）类：也是化学结构中含有 β-内酰胺环的一类抗生素，分为一、二、三代。常用的有头孢氨苄（先锋霉素Ⅳ）、头孢唑啉（先锋霉素Ⅴ）、头孢拉定（先锋霉素Ⅵ）、头孢呋辛（西力欣）、头孢曲松（罗氏芬）、头孢噻肟（凯福隆）、头孢哌酮（先锋必）等。

③大环内酯类：本类抗生素均含有一个 12～16 碳的大内酯环，能抑制细菌蛋白质合成，起快速抑菌作用，有些在高浓度下也有杀菌作用。主要用于大多数需氧革兰阳性菌和阴性球菌、厌氧菌等感染。对衣原体、支原体、军团菌等非典型病原体也有良好作用。适用于中轻度感染，为目前最安全的抗生素之一。常用的有红霉素、罗红霉素、泰乐菌素、替米考星、北里霉素、螺旋霉素、阿奇霉素（泰力特、希舒美）、克拉霉素、罗它霉素、地红霉素、麦迪霉素、交沙霉素等。

④林可胺（洁霉素）类：其抗菌谱与红霉素类相似，有林可霉素（洁霉素）、氯林可霉素（克林霉素、氯洁霉素、克林达霉素）等。

⑤其他：杆菌肽、新生霉素、那西肽、恩拉霉素。

（2）主要作用于革兰氏阴性菌的抗生素

①氨基糖苷类：能抑制细菌蛋白质的合成，本类抗生素化学性质稳定，抗菌谱广。常用的有链霉素、庆大霉素（艮他霉素）、新霉素、卡那霉素、丁胺卡那霉素（阿米卡星）、壮观霉素（大观霉素、奇霉素、奇放线菌素）、妥布霉素、核糖霉素（维他霉素、维生霉素）、安普霉素。

②多黏菌素类：是一类具有多肽结构的化学物质。包括多黏菌素和杆菌肽。对生长繁殖期和静止期的细菌均有效。细菌对其不易产生耐药性。但毒性较大。常用的有多黏菌素 B、多黏菌素 E（黏菌素、抗敌素）。临床主要用于治疗犊牛和仔猪的肠炎、下痢等，局部可用于治疗创面、眼、耳、鼻部的感染等。

（3）广谱抗生素 抗菌谱极广，包括需氧和厌氧的革兰阳性和阴性菌、立克次体、衣原体、支原体和螺旋体，有间接抑制阿米巴原虫的作用。

①四环素类：土霉素（氧四环素）、四环素、金霉素（氯四环素）、强力霉素（多西还素、脱氧土霉素）、米诺环素。

②氯霉素类：甲砜霉素（硫霉素）、氟甲砜霉素（氟苯尼考）。

③多肽类：此类抗生素吸收差、排泄快、无残留、毒性小、不易产生抗药性，不易与人用抗生素发生交叉耐药性。属于此类抗生素的主要有杆菌肽锌、黏杆菌素、硫肽霉素、持久霉素、恩拉霉素和阿伏霉素等。

（4）主要作用于支原体的抗生素 泰牧霉素（泰妙灵、支原净）、泰乐菌素（泰农）、北里霉素（柱晶白霉素、吉他霉素）。

（5）合成抗菌药物 通过抑制细菌 DNA 的合成而导致细菌死亡。具有抗菌谱广、抗菌力强、组织浓度高，与其他常用抗菌药无交叉耐药性，不良反应相对较少等特点。

①氟喹诺酮类：环丙沙星（环丙氟哌酸）、恩诺沙星（乙基环丙沙星、乙基环丙氟哌酸）、沙拉沙星（福乐星）、达诺沙星（丹乐星、达氟沙星、单诺沙星）、马波沙星（麻波沙星）。

②磺胺类：通过干扰细菌的叶酸代谢而抑制细菌的生长繁殖。抗菌谱广，但不良反应较多。常用的有磺胺嘧啶（SD）、磺胺-5-甲氧嘧

啶、磺胺-6-甲氧嘧啶、磺胺甲噁唑（SMZ）、柳氮磺吡啶（SASP）等。

③其他合成抗菌药：甲氧苄啶（TMP、磺胺增效剂）。硝基咪唑类的甲硝唑、替硝唑。此外，还有喹乙醇、痢菌净等。

12. 生产实践中使用抗生素存在哪些误区？

误区一：抗生素就是消炎药

有些人认为只要是抗菌药物就能消炎，实际上抗生素是通过杀灭引起炎症的微生物而起作用。而消炎药是针对炎症的，并不能杀灭病原微生物，如阿司匹林等消炎镇痛药没有抗菌作用。如果用抗生素治疗无菌性炎症，就会抑制或杀灭动物体内的有益菌群，引起菌群失调，造成畜禽抵抗力下降。

误区二：抗生素可防感染

抗生素仅适用于由细菌及某些微生物引起的炎症，对病毒性感染无效。滥用抗生素会增加药物毒副作用，甚至危及畜禽的健康。

误区三：广谱的好于窄谱的

抗生素使用的原则是能用窄谱的就不用广谱的，能用普通药就不用新特药，用一种能解决问题就不用两种。诊断明确致病微生物时最好使用针对性强的窄谱抗生素，否则容易增强细菌对抗生素的耐药性。

误区四：新特药好于普通常用药

药品并不是普通商品，每种抗生素都有自身的特性。只要用之得当，几分钱的药物也能达到药到病除的疗效。例如，红霉素是使用较久的抗生素，价格很便宜，它对于军团菌和支原体感染的肺炎具有相当好的疗效，而价格非常高的头孢菌素类对这些病的治疗效果就不如红霉素。

误区五：使用种类越多越好

现在一般不提倡联合使用抗生素。因为联合用药会增加不合理的用药因素，不仅不能提高疗效，反而会降低疗效，且容易产生毒副作用，或易导致细菌对药物产生耐药性。合并用药的种类越多，引起毒副作用、不良反应的发生率就越高。为避免耐药和毒副作用的产生，能用一种抗生素解决的问题绝不使用两种以上抗生素。

误区六：预防用量减半

预防投药和治疗投药不同的是：预防投药时机体尚未出现临床症状，这时体内可能无病原体或有病原体但还没有达到致病的数量；治疗投药时机体已出现了临床症状，说明机体的防御系统已控制不住病原体的快速增殖而致病。但无论预防或治疗，要消灭体内的病原微生物，要求药物在血液中必须达到有效杀（抑）菌浓度，预防时"半量"投药属低浓度用药，在血液中达不到有效杀菌浓度，病原体易产生耐药性而使药物失去作用。

误区七：发热就用抗生素

抗生素仅适用于由细菌和部分其他微生物引起的炎症。发热、上呼吸道感染者多为病毒引起，用抗生素无效。此外，细菌感染引起的发热也有多种不同的类型，不能盲目使用头孢菌素等抗生素。发热是机体正常的免疫反应，有利于歼灭入侵的病菌，不要急于退热。但高热时（41℃以上）应退热。

误区八：频繁更换抗生素

抗生素的疗效要有一个周期，在诊断准确的前提下，若使用某种抗生素的疗效暂时不好，首先应考虑用药时间是否足够。此外，给药途径不当及全身免疫功能状态等因素也会影响抗生素的疗效。如果与这些因素有关，只要加以调整，就会提高疗效。频繁更换药物会造成用药混乱，对畜禽造成毒害，且很容易使细菌产生对多种药物的耐药性。

误区九：腹泻就用抗生素

有人认为，腹泻是胃肠道细菌感染引起，一旦遇到腹泻便使用抗生素治疗，如黄连素、庆大霉素、环丙沙星、氟哌酸等。滥服的结果会引起不同程度的胃肠道副作用，如呕吐、食欲下降，甚至影响肝肾功能和造血功能，其中以广谱抗生素引起的胃肠道副作用较为严重。痢疾和大肠杆菌感染、沙门氏菌引起的肠炎，确实是细菌感染，治疗时应当用抗菌药物。但腹泻不一定全是胃肠道感染细菌所致，如腹部受凉引起的肠蠕动加快、秋冬季腹泻、流行性腹泻、霉菌性肠炎、寄生虫性肠炎等都不属于细菌感染。

误区十：一旦有效就停药

畜禽病情较重时尚能按时按量投服药物，一旦病情缓解就停药。抗菌药物的药效依赖于有效的血药浓度，如达不到有效的血药浓度，不但不能彻底杀灭细菌，反而会使细菌产生耐药性。也就是说疾病的痊愈有一个过程，用药时间不足，有可能见不到效果；即使见效，也要保证足够的疗程。如果有了一点效果就停药，不但治不好病，还可能因为残余细菌引起疾病反弹。

13. 怎样合理使用抗生素？

由于抗生素可用于治疗各种感染性疾病，有些人就将抗生素作为万能药，不管家禽得了什么病，都用抗生素治疗。实际上，滥用抗生素会引起许多不良的后果。因此必须合理使用抗生素。那么，该如何合理使用抗生素呢？

(1) 病毒性疾病不宜用抗生素治疗　如上呼吸道感染大部分是病毒感染所致，因此这类疾病无需用抗生素，而应使用抗病毒中草药治疗。

(2) 应根据细菌培养和药敏试验结果选用抗生素　但如果受条件限制或家禽病情危急，亦可根据感染部位和经验选用抗生素。一般情况下，呼吸道感染以革兰氏阳性球菌为多见。肠道、尿道和胆道感染以革兰氏阴性菌为多见。皮肤伤口感染以金黄色葡萄球菌为多见。

(3) 抗生素在治病的同时也会产生副作用，没有一种抗生素是绝对安全而无副作用的。如链霉素、庆大霉素、卡那霉素等可损害第八对脑神经而造成耳聋。青霉素可发生过敏性休克，还会引起皮疹和药物热。应用广谱抗生素如四环素等会使机体内耐药细菌大量生长繁殖，而引起新的更严重的感染。因此使用抗生素应有的放矢，不可滥用。

(4) 肝肾功能不全的畜禽及老幼畜禽，应避免或慎用主要经肝脏代谢和肾脏排泄的毒性较大的抗生素。

(5) 预防性应用抗生素要严加控制，尽量避免在皮肤、黏膜等局部使用抗生素，因其易导致过敏反应，也易引起耐药菌株的产生。

14. 什么是免疫球蛋白？

免疫球蛋白是具有抗体活性或化学结构上与抗体相似的球蛋白，是一类重要的免疫效应分子。是由动物免疫系统淋巴细胞产生的蛋白质，经抗原的诱导可以转化为抗体。

注射疫苗或类毒素后产生的抗体本质上就是免疫球蛋白。

15. 鸡群投药方法有哪些？

在预防或治疗鸡病时常用的给药方法有以下几种：

（1）混饲给药 把药物按一定比例拌入饲料中饲喂鸡。适用于连续性投药、药物不溶于水或溶于水中但适口性差的药物。在配制时首先要计算用药量。如盐酸土霉素与饲料的配合用量是 0.02％，即 100千克饲料中加 0.02 千克土霉素，也就是加 20 克土霉素。计算好后，添加时要逐级稀释，先将 20 克药物加入到 10 倍于药量（200 克）的饲料中，反复搅拌均匀；然后再扩大到 100 倍饲料中，同样反复充分搅拌均匀；最后与剩余的饲料混匀。如药物是片剂或中草药，要先碾成粉末，再与饲料混合。

（2）饮水用药 把药物按一定比例兑入水中。适用于水溶性药物、病鸡不吃料只喝水时及大群投药。配药的水要求清洁、无杂质，最好用冷开水。盛水容器应洗刷干净，以免降低药效。具体用药时应注意以下三点：

用药前停水 2～3 小时，饮完药液后，换上清洁饮水。

要根据鸡群大小计算药液用量及兑水量，鸡群要有足够的槽位或饮水器，保证每只鸡都能在同一时间喝到足够药水。配好的药水让鸡在短时间内饮完。

治疗用药或在水中不稳定的药物，如青霉素、链霉素等，要现配现用。补充营养的药物或在水中稳定的药物，可以把药物配到水中，让鸡全天自由饮水，如电解多维。

（3）注射用药 主要是肌内注射和皮下注射，药物可很快进入血液。逐只紧急治疗时，可以采用这种方法。

肌内注射可在鸡胸肌或大腿外侧肌肉进行，皮下注射可在颈部皮下进行，静脉注射可选择翼下静脉，注射前要保定好鸡，局部用酒精棉球消毒。

除上述投药方法外，大群给药还有气雾法，个体用药还有直接灌服法。

16. 家禽喷雾给药有哪些好处？

（1）喷雾给药是药物以气雾剂的形式喷出，在空气中分散成微粒，家禽通过呼吸道入而在呼吸道发挥局部作用，或药物经肺泡吸收进入血液而发挥全身治疗作用。治疗呼吸道疾病时，药物可直接到达肺、气囊等病变部位发挥作用。治疗全身性疾病时，由于肺泡面积大，有丰富的毛细血管，药物吸收快，药效迅速（15～30分钟见效）。药物吸收率高，生物利用度接近100%。此外，药物经呼吸道吸收可避免药物对胃肠道的不良刺激，避免肝、胃肠道对药物的代谢及降解作用。

（2）祛痰类药物和支气管扩张剂等直接接触气管黏膜，可调节浆液与黏液的分泌，裂解痰液中酸性黏多糖纤维，降低痰的黏滞性，使痰液变稀，易于咯出；支气管扩张剂可使支气管平滑肌松弛，从而减轻咳嗽，缓解症状，降低死亡。

（3）药物和肺部直接接触，可促进肺部表面活性物质的合成，加强纤毛摆动，增加黏液纤毛系统的清除能力，防止重复感染。药物直接作用于黏膜表面，可以迅速修复黏膜系统，提升机体免疫力，防止重复感染。

（4）喷雾给药方便简单，可节约时间，减轻拌料、饮水或捉鸡时人的劳动强度，减小鸡群的应激反应。特别是对于不能采食或饮水的鸡，喷雾给药是一种很好的方法。

（5）据实验室检测和临床实例表明，喷雾给药在肺部组织浓度很高，但是在肝脏和肾脏的浓度却比口服、注射低得多。这表明喷雾给药时对肾脏和肝脏的伤害最小；对于疾病后期肝脏和肾脏严重损伤的鸡群，喷雾给药也是最好的选择。

（6）喷雾给药与口服、注射给药比较：

①口服给药：药物多数需以扩散方式透过胃肠黏膜而吸收进入血液循环，从血液分布到相应部位发挥作用需要 4 个小时；而气囊上只有微量血管和神经，经口服吸收运输到组织的药物很少，致使药物的组织分布浓度极低；且药物口服后必须经口、胃部到达小肠，在小肠吸收，然后约有 70％的药物再经过肝脏的微粒作用才能到达组织。在这个过程中，药物易受胃肠道内多种酶和酸碱度的影响，另外药物在小肠吸收也不完全，在肝脏内有一部分药物会失去活性，药物的生物利用度明显降低，有效的生物利用度只有 20％，所以很难达到有效治疗的目的。

②注射用药：药物吸收较快，但费时费力，鸡群应激大、影响生长，有时还会人为损害鸡体。另外，通过血液到达呼吸道黏膜的药物浓度低，影响呼吸道疾病的治疗效果。对于疾病后期的鸡只，注射应激会加速死亡。

17. 目前养鸡场（户）给鸡只投药有哪些误区？

目前养殖户在治疗鸡病的过程中，有以下一些用药误区。

（1）不注意给药时间，不管什么药拿来就用。不管是喂料前还是喂料后，不管白天还是晚上。

（2）不注意给药的时间间隔。如一天给药 2 次，白天间隔时间太短，只有 6～7 小时；晚间间隔时间太长，有 16～17 小时。

（3）不注意给药次数。不管什么药通通一天给药 2 次或 1 次。

（4）片面加大剂量。不管什么成分的药，不管有没有毒副作用，通通加量，有的甚至加到十几倍。

（5）不考虑给药方法。不管什么药，不管什么病，通通饮水或拌料给药。

（6）不注意疗程。不管什么药，不管什么病，投药 2 天有效就停药，无效就换药。

（7）不注意药物配合。不管什么病，不管什么药，都加在一起用。如治疗大肠杆菌病的头孢类药物。与治疗呼吸道疾病的红霉素搭配。

（8）不对症选药。看了说明书就用药，听别人说什么药好拿过来就用，不管与禽病对症不对症。

（9）不适应新药。很多养殖户用过某个药效果很好，就认定了该药是好药，别的药都不好。不管是不是同样的病，只要症状有点像就用过去的药，不管有没有耐药性。

（10）不注意注射疫苗前后该不该用药，该用什么药，鸡有病就用药，鸡不健康就注射疫苗等。

18. 不同药物的投喂时机有什么不同？

（1）可以在喂料前 1 小时投服的药有阿莫西林、氨苄西林、头孢菌素（头孢曲松除外）、强力霉素、林可霉素、利福平、环丙沙星等。

（2）可以在喂料后 2 小时投服的药有罗红霉素、阿奇霉素、左旋氧氟等。可以在喂料时投服的药有红霉素。

（3）可以 1 天投服 1 次的药有头孢三嗪、氨基糖苷类、强力霉素、氟苯尼考、阿奇霉素、克林霉素、硫酸黏杆菌素、磺胺间甲嘧啶、阿托品和盐酸溴己辛等。

（4）可以两天投 1 次的药有地米、氨茶碱等。

（5）其他的药一般都是每天投药 2 次。麻黄碱在治疗严重的喘病时可以 1 天多次给药。

（6）可以喷雾给药的有氨茶碱、麻黄碱、扑尔敏、克林霉素、阿奇霉素、氟苯尼考和单硫酸卡那霉素等。

（7）在酸性环境中效果好的药有强力霉素，在碱性环境中效果好的药有庆大霉素、阿奇霉素、新霉素、利福平、恩诺沙星、磺胺类，在中性环境中效果好的药有青霉素类、头孢类。

（8）所有的抗病毒药、磺胺类药物不要在注射疫苗前后 2 天使用。在治疗肺部感染时，中药宜在早上投服；治疗肠道感染时，最好在晚上投服。

19. 菌苗、疫苗、类毒素和抗毒素有何区别?

菌苗、疫苗、类毒素、抗毒素都是利用微生物及其产物所制造的,用于防治传染病的生物制品。

菌苗是用细菌制成的制品,有两种:一种是将人工培养的致病菌用加热或化学药品杀死后制成的死菌苗,如伤寒菌苗、霍乱菌苗等;另一种是用经处理后毒力已经减低的细菌制成的活菌苗,如仔猪副伤寒菌苗、布鲁氏菌菌苗等。

疫苗是由病毒、立克次氏体或螺旋体经过人工培养后制成的制品,与菌苗相似,亦有死活之分。常用的流行性乙型脑炎疫苗是死疫苗,而鸡传染性支气管疫苗则是活疫苗。

类毒素是把细菌所产生的外毒素用甲醛处理以除去其毒性,但仍保留其免疫原性(抗原性),这种除去毒性的外毒素即类毒素。如破伤风类毒素、白喉类毒素。

抗毒素是一种含有抗体的血清制品。是把类毒素注射给马,使其产生大量抗体,然后采取马血清,将其精制浓缩而成。如破伤风抗毒素、白喉抗毒素等。

菌苗、疫苗、类毒素主要用于预防,抗毒素则可用于紧急预防或治疗。

20. 鸡常用疫(菌)苗在运输、保管和使用时必须注意哪些事项?

鸡常用的疫(菌)苗有活的弱毒苗和灭活苗两大类。弱毒苗在运输和保存期间要尽量维持低温条件,避免高温和阳光照射。如鸡新城疫 I 系疫苗、鸡新城疫 IV 系弱毒疫苗,要放在 −4℃(结冰)低温条件下保存。又如禽霍乱氢氧化铝菌苗在运输和保存期间最适温度为 2~4℃,温度太高,会缩短保存期;温度太低发生冰冻,可破坏氢氧化铝胶性,失去免疫特性。另外,所有疫苗和菌苗均应保存在干燥条件下。

这些疫苗和菌苗使用时必须注意：

①使用时要详细了解疫（菌）苗运输和保管的条件，凡接触过高温、长时间阳光照射或冻结后的氢氧化铝菌苗，均不能使用。要注意保存期间的温度和有效期之间的关系，不能使用过期疫苗和菌苗。

②用苗前应仔细检查外部包装和内部质量，若无标签或无检验号码，瓶塞松动、瓶身破裂或内部出现变色、沉淀、发霉、有异物等坚决不能使用。

③疫苗使用途径和剂量应遵照说明书上的规定。

④使用液体菌苗时，用前要用力摇匀；使用冻干苗时，用前要按说明书规定的稀释液和规定的倍数稀释，并充分摇匀。

⑤疫苗要现配现用，使用饮水法免疫时要确保家禽在 1 小时之内饮完。使用注射法免疫时，在气温为 15～25℃时，必须 6 小时之内用完；25℃以上时，必须 4 小时之内用完。马立克氏疫苗应在 2 小时之内用完。开启的疫苗尽量当次用完，不能下次使用。废疫苗瓶应焚烧销毁。

21. 肉仔鸡接种油乳苗有什么好处？

目前许多集约化鸡场防疫环境还不很健全，所饲养的肉仔鸡群仍处于强毒包围中，而散养户鸡场的防疫条件就更差了。因此，应用高品质的疫苗并实施更可靠的免疫程序保护鸡群尤为重要。

在以往的生产实践中，肉仔鸡只接种 2 次新城疫活苗是不够的，如果二免在第 3 周末，则鸡群在 30 日龄后仍可能暴发典型新城疫，因此要求在第 4 周末还要进行一次加强免疫，才能使鸡群维持到 7 周龄出栏而不发生大问题，但散发新城疫仍然会不断出现。如果同时接种活苗和油乳苗，并配合使用免疫增强剂，散发新城疫就会得到很好的控制。接种油乳苗的优越性有：

①油乳苗免疫原性强，能诱导机体产生良好的中和抗体。

②油乳苗抗原含量高，其病毒含量是活疫苗的 100～1 000 倍，故诱导机体产生的抗体水平高。

③油乳苗以油包水的形式存在，注射到机体后，起到了抗原库的

作用，经机体降解与吸收后，逐渐缓慢释放抗原，起到了少量多次抗原的刺激作用，其诱导机体产生的抗体持续时间较长。

④油乳苗有一定程度的局部刺激作用，可引起局部炎症，吸引吞噬细胞，加强 B 细胞的抗体效应，能起到非特异性改进机体免疫应答状态，增强机体对抗原的特异性应答，提高免疫效应的作用。

⑤油乳苗因抗原含量高，接种油乳苗后，受机体中和抗体影响相对较小。

⑥油乳苗中病毒已被灭活，不能在被接种鸡体内增殖，也不存在毒力过强问题，使用非常安全。

⑦油乳苗是逐只注射，漏免鸡只极少，免疫密度极高。

22. 为什么接种疫苗后鸡群还会发病？

接种疫苗后没有起到对鸡群的保护作用，造成免疫失败，其原因是多方面的。

（1）疫苗稀释不当

①使用稀释液不当：稀释疫苗时未加疫苗保护剂，直接用井水或自来水稀释，或在稀释液中直接加入全脂奶粉。如新城疫、传染性支气管炎、喉气管炎等亲脂性病毒主要存在于表面的脂肪层中，致使先饮水的鸡摄入超量病毒，后饮水的鸡病毒剂量不够，严重影响免疫的一致性。

②稀释浓度不当：有些人为了补偿疫苗接种过程中的损耗，随意加大稀释液的用量；有时操作后期发现已稀释的疫苗不够用，随意加水增量；也有人为了降低防疫成本而任意减少免疫剂量，致使疫苗剂量不足，降低对抗原的应答功能，不能产生良好的抗体水平。

疫苗浓度过高的情况也偶有发生；有人认为增加剂量可以提高免疫水平，因而盲目超量应用，引起免疫麻痹，影响免疫效果。

③疫苗稀释后，接种间隔时间太长：接种前将疫苗一次稀释完，置于常温下连续使用，这样越往后用的疫苗效价越低，尤其在稀释液质量不好或温度偏高的情况下，效果更差。

（2）接种方法不当

①滴眼、滴鼻操作不到位：为赶速度，有时疫苗尚未滴入眼内、鼻内，就把鸡放回；地面平养时接种过程分隔困难，未接种的鸡大批窜入已接种的鸡群，造成漏免。

②注射过程控制不准：针头刺到皮肤之外，疫苗流到体外；或针头太粗，拔出后药液倒流出来；或针刺太深，药液注入胸腔或腹腔；或注射器定量控制失灵，使注射量不足。对有些疫苗，在注苗抽取时要频频摇动，否则极易造成先注射的鸡只疫苗含量过大，而后注射的鸡只剂量不足或仅注入稀释液。

③饮水免疫时饮水器不足，分布不均匀，免疫前限水过度或限水不足，使有的鸡喝到疫苗少，有的鸡喝的多，影响免疫效果。

④喷雾免疫时雾滴过大过低，鸡吸收不足；或雾滴过小，在气温高或风速过大时散发，雾滴难于进入鸡呼吸道。

⑤滴管、注射器、喷雾器、稀释用的容器和饮水器等清洗不干净，含有残留消毒药物，或使用金属器皿都会影响免疫效果。

（3）不讲科学盲目行事

①每一种疫苗均有最佳接种途径。有些人为图省事，随便改变免疫途径。例如把鸡新城疫Ⅰ系疫苗改为饮水免疫，效果很差。这种现象在地面平养、集中接种而人手不足的情况下尤为突出。

②有的鸡场发病频繁，所以每隔三两天就接种一次疫苗，认为免疫次数越多、效果越好，未考虑抗体效价的消长规律，短期内盲目重复使用疫苗。除抗原被抗体中和外，频繁的抗原刺激，使机体应答反应疲劳，形成免疫抑制，丧失对病毒的抵御功能而发病。

有的鸡场发病率低而随意减少免疫次数，这样强化免疫间隔时间太长，造成免疫断档，抗体水平低于安全滴度而发病。有时多种疫苗兼用或程序相近，受抗原排他性反应影响，发生竞争性干扰，同时加重机体的抗原反应，引起记忆应答紊乱，从而降低免疫效果。

③有的鸡场在疫苗中乱加药物，影响疫苗质量。疫苗中盲目混入药物，会使稀释液的酸碱度发生变化，破坏疫苗的生物活性，影响免疫效果。

④有人由于疏忽，在接种疫苗期间饲喂抗生素，这样对疫苗的干

扰就更大。

总之，在免疫接种时，操作人员要有责任心，讲究科学，不随意行事，方可万无一失。

23. 日常主要观察雏鸡群哪些方面？

日常观察鸡群是育雏期间的一项重要工作，通过观察鸡群能发现和解决许多问题。

（1）观察精神状态 健康的鸡群表现活泼，反应灵敏，叫声清脆。如果部分鸡表现精神沉郁、闭目呆立、羽毛蓬松、翅膀下垂、呼吸有声，表示鸡群正在发病或处于发病初期。大部分鸡出现精神委顿，说明出现严重疫情，应尽快给予治疗。

（2）观察羽毛状况 鸡周身掉毛，但鸡舍未发现羽毛，说明被其他鸡吃掉了，这是鸡体内缺乏含硫氨基酸或硫酸亚铁所致，应补足石膏或氨基酸。

（3）观察食欲状况 食欲旺盛说明鸡生理状况正常，健康无病。减食多因突然变换饲料、更换饲养员、鸡群应激、疾病所致。绝食说明鸡群处于重病期间。异食说明饲料营养不全。挑食说明饲料搭配不当、适口性差。饮水突然增加说明饲料中盐分过多或发生疾病等。

（4）观察肛门周围污浊程度 雏鸡肛门周围沾有黑棕色粪便多因鸡群饮水过少造成。如果是黄白色、绿色粪便并伴有其他异常表现，说明鸡患有疾病。

（5）粪便的观察 正常鸡只粪便是灰色干燥的，通常灰色粪便上覆盖一层白色粪，其含量的多少可以衡量饲料中蛋白质含量的高低及吸收水平。褐色稠粪也属于正常的粪便，臭气是因为鸡粪在盲肠中停留时间过长所致。如果是红色、粉红色粪便则说明肠道出血，可能患有沙门氏菌病、球虫病。

24. 鸡的传染病有哪些特点？

鸡的传染病和人、畜的传染病一样，是由一定的病原微生物侵入鸡体，并在一定部位定居和繁殖，引起一系列病理改变，表现特有的临床症状。它们有一些共同的特点。鸡的传染病具有传染性和流行性，传播迅速，感染率高。鸡的传染病都是由特定的病原微生侵入机体引起的，如鸡新城疫是由鸡新城疫病毒引起的。被传染的鸡在病原微生物的作用下能产生特异性的免疫反应，产生抗体等。耐过的病鸡能获得免疫，在一定时期内不会再患该病，有的甚至终生不再患该病。鸡的传染病有各自的临床表现和病理过程。

病原微生物侵入鸡体内后能否发病，与微生物侵入体内的数量、传播途径和鸡体本身的抵抗力有关。预防和扑灭鸡传染病，应采取综合性防治措施，主要包括3个方面：查明和消灭传染源，截断传播途径，提高鸡群对疫病的抵抗力。

25. 鸡场平时应采取哪些防疫措施?

(1) 科学的管理　供给优质全价的配合饲料，才能增强鸡群的抗病能力，抵御传染病的侵袭。鸡舍内应经常保持适宜的光照、温度、湿度和鸡群密度，特别是育雏期间更应注意这些问题。育雏期间受冷、受热或拥挤常引起大批鸡只死亡。不死的鸡只往往由于体质衰弱，发生下痢、呼吸困难，易感然传染病，生长不良等。成鸡舍、育雏舍和运动场要保持清洁干燥，做到鸡体干净、饲料干净、饮水干净、食具干净、工具干净和垫草干净。鸡舍和运动场的粪便应每天清扫，垫草也必须经常更换。

(2) 健全防疫卫生制度，做好消毒工作　①消毒对象：包括可能被病原体污染的饲料、饮水、设备、用具、粪便、衣物、车辆、种蛋、孵化器及其他孵化用具等。②消毒方法：包括机械的、物理的和化学的3种方法。机械法包括清扫、洗刷、通风等，物理法包括日晒、干燥和高温处理等，化学法通常是用化学药品进行消毒。选择消毒剂和消毒方法时，必须考虑病原体的特性、被消毒物体的特性和经济价值等因素。在大多数情况下，3种方法结合使用可取得良好的效果。

(3) 合理的免疫接种程序　接种疫苗是预防某种疫病最有效的方

法之一，每个鸡场都要有适合本场特点的免疫程序。制定免疫程序时，应考虑以下几个方面的因素：当地家禽疾病的流行情况及严重程度，母源抗体的水平，上次免疫接种引起的残余抗体的水平，鸡的免疫应答能力，疫苗的种类，免疫接种的方法，各种疫苗接种的配合，免疫对鸡健康及生产能力的影响等。

（4）严把疫苗、兽药质量关　正确使用疫苗是防止传染病发生的保证。

①必须选购正规厂家生产的疫苗产品，每购进一批疫苗经质量检验合格后再使用。如新城疫疫苗，必须经真空检测器检验合格后再进行效价检验，新城疫Ⅳ系疫苗血凝效价 HA 必须达到1∶160倍以上，新城疫Ⅰ系疫苗 HA 效价必须达 1∶80 倍以上，方可使用。

②疫苗购入场后，要由专人保管，疫苗配制应使用专用稀释液或经灭菌处理的生理盐水。

③鸡群接种应按规定方式、方法严格认真操作，严禁擅自随意操作。

（5）开展实验室检测预报制度　抗体检测是指导鸡群适时免疫、防止传染病暴发的重要措施。要配备专职检测化验人员，对常见传染病采用定期检测预报工作，发现有感染迹象的，立即接种疫苗。

总之，采取以上切实可行的防疫措施，避免各种传染病的大面积发生，是保证鸡群安全健康的必要条件。

26. 鸡病防疫中应注意哪些问题？

在鸡病的防疫中，由于疫苗、免疫时机及方法等许多因素影响，免疫失败的现象常有发生，造成鸡群大批发病和死亡。现将鸡病防疫中应注意的几个问题介绍如下。

（1）疫苗选择方面应注意的问题

①不同地区流行的细菌、病毒类型不同，要选择针对本地区流行特点的疫苗才能达到预防传染病的目的。

②不要迷信进口疫苗，许多国产疫苗的质量并不亚于进口疫苗，如减蛋综合征油乳剂灭活疫苗，多价肾型传染性支气管炎油乳剂疫

苗、新城疫疫苗、变异传染性支气管炎油乳剂疫苗，其效价都很好。许多鸡场认为进口疫苗好、质量保险，盲目使用进口疫苗，既提高了成本又不能针对性地预防本地区发生和流行的传染病。

③要从信誉度好的、规模大的生产厂家或经销商购买疫苗，农村一些小的兽药经销商，由于停电等原因，冰箱没有保障，疫苗很容易在保质期内就失效。

（2）防疫时间的确定

①不同传染病流行特点不同，免疫时间不同，如马立克氏病疫苗必须在雏鸡出壳后24小时内进行免疫接种，鸡新城疫的首次免疫一般在7～10日龄，传染性法氏囊病的首次免疫一般在10～14日龄，新城疫-肾型传染性支气管炎二联油乳剂疫苗的注射在15～20日龄进行，30日龄首免鸡痘，42日龄进行传染性喉气管炎的免疫，120日龄进行新城疫-减蛋综合征-传染性支气管炎三联油乳剂灭活疫苗的注射。

②注射时间尽量选择在下午或晚上，以减少应激。由于正常高产鸡群的产蛋集中在上午，下午产蛋较少，而且下午鸡舍光线较暗，此时免疫注射不易造成鸡炸群。

（3）免疫方法的选用　不同的疫苗要选用不同的免疫接种方法，以便达到最佳免疫效果。新城疫Ⅳ系等弱毒疫苗以滴鼻、点眼为好，新城疫Ⅰ系疫苗以肌内注射为好，传染性法氏囊病冻干疫苗以滴口和饮水为好，马立克氏病疫苗以颈部皮下注射为好，鸡痘疫苗以翅膜刺种为好，传染性支气管炎活疫苗H120、H52、肾型传染性支气管炎冻干疫苗以滴鼻、点眼或饮水为好，传染性喉气管炎以滴眼为好，病毒性关节炎弱毒疫苗以肌内注射为好。

油乳剂灭活疫苗以颈部皮下注射或胸部肌内注射为好，一般不要采用腿部肌内注射，因为腿部肌肉容纳疫苗的体积小、不易吸收，会影响鸡的正常活动。颈部皮下自由活动区域大，吸收也比较均匀。

（4）疫苗使用方面应注意的问题

①在进行滴鼻、点眼、饮水、喷雾、滴口等免疫接种前后24小时，不要进行喷雾消毒和饮水消毒，不要使用氯制剂消毒饮水，不要使用铁质饮水器。饮水免疫时，免疫前断水2～3小时、最好使用无

菌蒸馏水，每 10 升水中加 50 克脱脂奶粉；若使用自来水时要静置 2 小时，含疫苗的水应在 1 小时内饮完。

②翅膀刺种鸡痘疫苗时，要避开翅静脉，要保证每次刺种前都蘸有足够疫苗。在免疫 5～7 日后观察刺种处有无红色反应，若有表示免疫成功，若无表明免疫无效，应补种。

③注射免疫时，深度要合适，防止注入内脏器官或针头穿出皮肤注空，注射完毕，要在针孔处稍作按压；点眼免疫时，滴药后应停留 3～5 秒钟后再放开鸡，以确保药物能完全吸入；使用滴鼻法时，应在鸡吸气时滴入药液，如果滴入不准，应重复 1 次；喷雾免疫时，要掌握好喷雾的时间、温度、风速和雾滴大小。

④为了减轻在免疫期间对鸡造成的应激，可在免疫前 2 天给予电解多维和其他抗应激的药物。

⑤使用油乳剂灭活疫苗一定要预温，注苗前 4～5 小时把油苗取出后放到温水中（37～40℃），使油苗的温度尽量接近鸡的体温，并在使用时充分摇匀。许多养殖户注苗前不进行预温，直接从冰箱中取出疫苗后就进行注射，结果导致注射的油苗吸收不良，影响免疫效果。

⑥使用弱毒疫苗应用生理盐水或专用稀释液稀释并充分摇匀。稀释后 4 小时内用完，剩余疫苗应当销毁。

（5）鸡群接种工作方面应注意的问题

①使用疫苗前应详细了解鸡群健康状况，不健康鸡群不能进行疫苗免疫。

②抓鸡动作不能粗暴，尽量做到轻提轻放，要提起鸡的双腿，不能粗暴地抓翅膀、提脖子，尽量避免应激反应。多数鸡群注苗后出现的产蛋率下降与抓鸡动作过于粗暴有关。

③邻近鸡群出现传染病时，应对鸡群进行紧急接种，按照健康鸡群、假定健康鸡群、病鸡群的顺序进行。当鸡群存在疾病时，应避免接种，如必须接种则应在兽医的指导下进行。

④接种过程中要注意随时检查鸡的状况，遇有精神沉郁、反应迟钝、捕捉时挣扎无力者，应剔出后隔离观察；要有适当的场地或用具进行群体分隔，防止标识不清或混群后导致重复接种或遗漏接种。

⑤整个防疫过程要严格消毒，免疫时使用的注射器、针头、镊子等，必须经过严格的消毒；稀释好的疫苗瓶上应固定一个消毒过的针头以抽取疫苗，并盖好酒精棉球；饮水器、喷雾器等用具也必须清洗干净。

27. 什么是鸡的免疫程序？如何确定鸡的免疫程序？

以下是商品蛋鸡免疫程序和肉鸡免疫程序，供参考：

商品蛋鸡免疫程序：

1 日龄：注射马立克疫苗。

7 日龄：新城疫、传染性支气管炎二联苗滴鼻、点眼或饮水。

14 日龄：法氏囊苗饮水、点眼或滴鼻。

24 日龄：新城疫、传染性支气管炎、法氏囊三联苗饮水，三联油苗胸肌注射。

35 日龄：鸡痘苗刺种。

50 日龄：鸡毒支原体苗点眼。

80 日龄：新城疫 I 系苗、新城疫油苗同时肌内注射。

110 日龄：注射新城疫、传染性支气管炎、减蛋综合征三联苗。

125 日龄：注射鼻炎苗。

250 日龄：三联油苗胸肌注射。

肉鸡免疫程序

1 日龄：马立克病疫苗颈背皮下注射。

7 日龄：新城疫、传染性支气管炎二联苗滴鼻、点眼，

新城疫、流感二联油苗颈背皮下注射。

14 日龄：鸡传染性法氏囊苗滴口或饮水。

21 日龄：新城疫 La Sota 株疫苗饮水。

35 日龄：新城疫 La Sota 株疫苗饮水。

每个养鸡场根据本场疫病发生的特点和鸡群的实际情况选用疫苗，并按疫苗的免疫特性安排预防接种的日龄、次数和方法，这就叫免疫程序。确定免疫程序要考虑以下一些因素：

(1) 鸡场发病史　制定免疫程序时必须考虑该场已发生过什么

病、发病日龄、发病频率和发病批次，依此确定疫苗免疫的种类和免疫时机。如对曾经发生过传染性喉气管炎的鸡场，可在习惯发作日龄前15天进行疫苗滴眼接种。

(2) 鸡场原有的免疫程序以及免疫时使用的疫苗 如某一传染病始终难以控制，应考虑原有的免疫程序是否合理或疫苗毒株是否与流行的毒株相一致。了解这一点，可以及时调整免疫程序或重新选择疫苗。

(3) 雏鸡的母源抗体 了解雏鸡的母源抗体水平、抗体整齐度、抗体的半衰期及母源抗体对疫苗不同接种途径的干扰，有助于确定首免时间。如新城疫母源抗体的半衰期是4～5天。传染性法氏囊病母源抗体的半衰期是6天。对呼吸道类传染病首免最好是滴鼻、点眼或气雾免疫，这样即能产生较好的免疫应答又能避免母源抗体的干扰。

(4) 疫苗接种日龄与鸡体易感性的关系 如马立克氏病必须在出壳后24小时内免疫，因为雏鸡对马立克氏病的易感染性最高，并且随着日龄增长，对马立克氏病易感性降低。

成年鸡对传染性喉气管炎最易感，且发病典型，所以该病的免疫应在7周龄以后，才可获得好的效果。禽脑脊髓炎必须在10～15周龄免疫。10周龄以前免疫有时会引起发病，15周龄以后免疫可能发生蛋的带毒。鸡痘在35日龄以后免疫，一次即可。

(5) 免疫接种途径 不同的免疫接种途径，产生的免疫效果截然不同。如新城疫滴鼻、点眼明显优于饮水免疫。有些疫苗病毒亲嗜部位不同，应采用特定的免疫途径。如传染性法氏囊病和禽传染性脑脊髓炎亲嗜肠道，即病毒易在肠道内大量繁殖，所以最佳的免疫途径是饮水或喷雾免疫。鸡痘亲嗜表皮细胞，必须采用刺种免疫。

(6) 季节与疫病的关系 有许多病受环境气候影响很大，如肾型传染性支气管炎、慢性呼吸道病，免疫程序应随着季节有所变化。如在蚊虫繁殖季节来临前刺种鸡痘疫苗。

(7) 了解疫情 附近鸡场暴发传染病时，除采取常规措施外，必要时进行紧急接种。对流行的重大疫情，即使本场没有发生，也应考虑免疫接种。必要时考虑死苗和活苗合理搭配使用。如新城疫、肾型传染性支气管炎、变异传染性支气管炎等。

三、鸡病预防及治疗

1. 怎样防治鸡马立克病?

鸡马立克病是由马立克病病毒引起的一种淋巴细胞增生性、高度接触性传染病,以病鸡的外周神经、性腺、虹膜、各种内脏器官、肌肉和皮肤发生单核细胞浸润,形成淋巴肿瘤为特征,是禽类常见传染病之一,死亡率高,严重影响养殖效益。

本病一般发生于2~5月龄鸡,肉鸡可早在45日龄发病。发病率约5%~10%,严重时达30%~40%或更高。180~200日龄产蛋鸡仍有发生。

(1) 流行特点 本病主要感染鸡,不同品系的鸡均可感染。火鸡、野鸡、鹌鹑和鹧鸪均可自然感染,但发病极少。鸡年龄越小越易感,通常多出现在2~5月龄的鸡群,雌鸡比雄鸡易感。不同品种的鸡对本病的抵抗力及感染后发病率有一定差异,一般认为肉鸡易感性大于蛋鸡,来航鸡易感性大于本地鸡。一些应激因素、饲养管理不良、维生素A缺乏、鸡球虫的存在等均可增加发病。

病鸡和带毒鸡是本病的传染源,鸡群不论直接或间接接触都能传播病毒。病毒可通过空气、病鸡的分泌物和排泄物传播,羽囊上皮是含病毒最多的部位,其脱落的羽毛囊上皮、皮屑一旦被鸡吸入或食入都能感染发病。此外,吸血昆虫也可能是本病的传播媒介。

(2) 症状及病变 本病自然感染潜伏期为3~4周至几个月不等。按症状表现一般分为神经型(古典型)、急性型(内脏型)、眼型和皮肤型4种,有时可混合发生。

①神经型:主要发生于3~4月龄鸡群,死亡率1%~3%,病鸡表现运动障碍、共济失调、步态不稳或不能行走,特征症状是一肢或

双肢麻痹或瘫痪，一腿伸向前方，一腿伸向后方，呈大劈叉姿势。有的出现翅膀下垂（俗称穿大裤）、头颈歪斜、嗉囊麻痹而扩大、张口呼吸、下痢等症状。剖检可见受损害神经肿胀变粗，常发生于坐骨神经、颈部迷走神经、臂神经丛、腹腔神经丛和肠系膜神经丛，神经纤维横纹消失，呈灰白色或黄白色。

②急性内脏型：常侵害幼龄鸡。50～70日龄鸡较多见，病鸡精神委顿、不食、突然死亡。死亡率高，一般为25％～30％，可在短期内集中死亡或分散在数周内死亡。肿瘤发病率高，剖检可见内脏器官有灰白色的淋巴细胞性肿瘤。常见于性腺（尤其是卵巢），其次是肾、脾、心、肝、胰、肺、肠系膜、腺胃、肠道和肌肉等器官组织。

肝、脾、肾明显肿大，其上散布或多或少、大小不等的乳白色肿瘤结节，肿瘤切面呈油脂状。卵巢肿瘤如肉团，有的卵巢肿大、呈肉样、失去皱褶，原始卵泡少或消失。腺胃肿大、壁厚、黏膜坏死，乳头消失或融合成大的结节。有的病例尚可见肌肉肿瘤，心、肺肿瘤和小肠黏膜肿瘤性白斑。

③眼型：主要侵害虹膜。单侧或双眼发病，病鸡眼睑肿胀，视力减弱甚至失明。虹膜受损害后正常色素消失，呈混浊的淡灰色（俗称灰眼或银眼）。瞳孔收缩，边缘不整，呈锯齿状。

④皮肤型：以皮肤毛囊肿大、形成小结节或肿瘤为特征，黄豆至拇指大。最先见于颈部及两翅皮肤，以后遍及全身皮肤。

(3) 诊断　根据典型临床症状和病理变化可作出初步诊断，确诊需进一步作实验室诊断。本病的血清学诊断有琼脂扩散（AgP）反应、间接荧光抗体法与中和抗体法等。

(4) 防治措施

①不从发病鸡场引进鸡，进鸡要严格检疫。全进全出，避免不同日龄鸡混养于同一鸡舍。

②疫苗在控制本病中起关键作用，应按免疫程序预防接种马立克氏病疫苗，防止疫病发生。目前普遍的做法是雏鸡出壳后24小时内立即接种马立克氏病疫苗。选用双价苗或三价苗免疫，以加强免疫保护力。首免后进行二次免疫，在7～10日龄或18～21日龄进行补免，以防止母源抗体干扰，弥补1日龄免疫缺陷。

③定期检疫，淘汰病鸡，净化鸡场。

④定期严格消毒，防止出壳时早期感染。孵化场或孵化室应远离鸡舍。育雏期间的早期感染是暴发本病的重要原因，因此，育雏室应远离鸡舍，放入雏鸡前应彻底清扫和消毒。肉鸡群应采取全进全出制，每批鸡出售后空舍7～10天，进行彻底清洗和消毒后，再饲养下一批鸡。

⑤发生本病后无治疗意义。应按《中华人民共和国动物防疫法》的规定，采取严格的控制、扑灭措施，防止扩散。病鸡和同群鸡应全部扑杀并进行无害化处理，被污染的场地、鸡舍、用具和粪便等要进行严格消毒。

2. 接种马立克病疫苗需注意什么？

(1) 同源母源抗体对细胞结合性和非细胞结合性疫苗有干扰作用
非细胞结合性疫苗，如火鸡疱疹病毒（HVT）冻干苗易被母源抗体所中和。解决这一问题的方法有三：①细胞结合性疫苗代替非细胞结合性疫苗。②增加疫苗的剂量，以补偿母源抗体的中和作用。③种鸡免疫要有选择地应用疫苗，子代应接种不同血清型的疫苗以避免母源抗体的干扰。

(2) 防止马立克病毒野毒早朝感染　雏鸡进行马立克病疫苗免疫后，需要12～15天才能建立充分的免疫作用。在此期间极易感染外界环境中的马立克病毒野毒，导致免疫失败。因此，育雏室进雏前应彻底清扫，用福尔马林熏蒸消毒并空舍1～2周，育雏前期、尤其是前2周内最好采取封闭式饲养，以防感染。

(3) 做好疫苗的保存、稀释和接种　购买疫苗后应严格按说明书上的要求保存和运送。使用时要用相应的稀释液进行稀释，现用现配。有条件的地方可将稀释好的疫苗放置冰浴中。疫苗一经稀释应在1小时内用完。

(4) 科学选用疫苗　在马立克病发病地区，环境污染严重的鸡场或怀疑有超强毒力的毒株存在时，可更换疫苗种类，选用双价苗或多价苗。

（5）加强饲养管理　减少应激因素（如饲养密度大，饲料发霉变质，鸡舍通风不良，饲料营养水平差等）。

（6）防止早期其他病原体的干扰　如传染性法氏囊病病毒、网状内皮组织增生症病毒、鸡传染性贫血因子、鸡白痢沙门氏菌等干扰马立克氏病疫苗的免疫作用。特别是在疫苗的免疫保护力尚未建立前，这些病原体可导致马立克氏病疫苗免疫失败。

3. 如何预防禽流感？

禽流感是由禽流感病毒引起的一种主要流行于家禽和野禽的烈性传染病。特别是高致病性禽流感具有传播快、发病率和致死率高、经济损失大的特点。该病毒不仅血清型多，且具有动物多、毒株易变异的特点，为禽流感病的防治增加了难度。近十几年中，禽流感的发病频率更快、传播范围更广，对家禽业构成了极大威胁，某些强致病毒株，还引起人的流感，目前这一疾病已引起了国内外的高度重视。

（1）病原及其特点　禽流感病毒是正黏病毒科流感病毒属的成员，分 A、B、C 三型。A 型主要感染禽类，但人及多种陆生和水生哺乳动物、禽类可带毒，B 型和 C 型主要感染人。禽流感病毒根据其病毒颗粒表面的血凝素和神经氨酸酶的差异性，可以产生 100 多个血清型的毒株，各血清型之间无交叉免疫反应，且各毒株之间的致病力及病变也不一样。具有高致病力毒株主要集中在 H5、H7 两个亚型，H9 亚型的致病力和毒力也较强，但低于前两型。从 21 世纪以来高致病性禽流感流行情况看，致病的毒株主要有 H5N1、H7N3、H5N9、H5N8、H5N2、H7N7、H7N4、H7N1。我国禽流感疫情主要由 H5 和 H9 两亚型禽流感病毒引起，这为禽流感的疫苗生产和免疫提供了依据。

禽流感病毒对外界环境比较敏感，其抵抗力较弱。日光、干燥、加热、多种消毒剂均对其有杀灭作用。如加热 60℃ 10 分钟、加热 70℃ 2 分钟即可灭活。在直射的阳光下 40～48 小时可灭活病毒。氢氧化钠、消毒灵、百毒杀、漂白粉、福尔马林、过氧乙酸等多种消毒剂在常用浓度下可有效杀灭病毒。堆积发酵家禽粪便，10～20 天可全部杀灭病毒。禽流感病毒对低温和潮湿有较强的抵抗力，存活时间较长。

（2）**流行及其症状**　禽流感多发于冬春和秋冬交替季节，主要以水平传播为主，也能经蛋垂直传播。传染源可来自感染和发病的家禽，也可来自于野生鸟类及迁徙的水禽等。病原通过分泌物、排泄物和尸体污染环境、饲料和饮水，经直接或间接接触而感染。呼吸道、消化道是感染的最主要途经。

家禽感染禽流感后，潜伏期由几个小时到几天不等，症状因家禽品种、年龄、毒株致病力、继发感染与否而不同。主要表现为体温升高，精神沉郁，采食量下降或停止采食，羽毛松乱，产蛋量下降15%～70%不等。有呼吸道症状，如咳嗽、喷嚏，呼吸困难，鸡冠绀紫。病鸡流泪，头和面部水肿。部分有神经症状，头颈扭转，共济失调。病程稍长的多伴有继发感染。强毒株引起的急性暴发可不见明显症状鸡只大批死亡，死亡率可达80%～100%。非急性暴发的死亡率10%～50%不等。

近几年家禽发生禽流感有以下特点：一是在某一区域内发生禽流感，病毒毒株相对单一，很少见有两种或两种以上毒株共同作用。二是发病的损失程度除病毒毒力外，还与家禽种类有关。对鸡敏感的对鸭、鹅不一定敏感。三是同一禽种，高产快长的良种家禽比地方品种家禽敏感。四是日龄差异。老龄鸡抵抗力强于青年高产蛋鸡。五是家禽健康状况。家禽的群体健康状况好则发病损失小、病状轻。六是与应激有关。未受应激影响的家禽发病后症状轻于受应激的。七是继发感染与否。家禽单纯患禽流感而没有继发感染，其损失小于继发感染的家禽。一旦发生禽流感，早发现、早用抗生素控制继发感染可有效降低发病损失。八是快大肉鸡对H9亚型疫苗免疫的效果不理想，其原因有待深入研究。九是新城疫抗体水平较高的鸡群，发生禽流感时比抗体水平低的鸡群损失小，这可能由于新城疫免疫产生的干扰素作用于禽流感病毒的结果。

（3）**防治措施**

1）**搞好免疫接种**　免疫接种是控制禽流感流行的最主要措施。禽流感疫苗目前主要有单价苗和二价苗两种，由于在某一地区流行的禽流感多只有一个血清型，因此，掌握当地疫病流行的毒株情况，接种单价疫苗是可行的，这有利于准确监控疫情。当发生区域不明血清型时，可采用2~3价疫苗免疫。疫苗免疫后的保护期一般可达6个月，为了保持可靠的免疫效果，通常每3个月应加强免疫一次。建议5~15日龄首免，每只鸡0.3毫升，皮下或肌内注射。50~60日龄二免，每只鸡0.5毫升。于开产前进行三免，每只鸡0.5毫升。商品蛋鸡和种鸡在产蛋中期的40周龄可进行四免。

2）治疗　家禽发生高致病性禽流感应坚决扑杀淘汰，如发生温和型禽流感可以用药物治疗。

①抗病毒：可用中药大青叶、板蓝根、黄连、黄芪煎水，使家禽饮服。

②控制继发感染：当发现禽流感时，宜尽早用抗生素控制继发感染。如每升水加50~100毫克的恩诺沙星饮水4~5天；在饲料中每100千克加入5克土霉素等。为了提高家禽体质和抗病力，可同时在饮水中加入多维电解质。

3）加强对禽流感流行的综合控制措施

①不从疫区或疫病流行情况不明的地区引种。不将外界的鲜活畜禽产品带入养禽场。

②养禽场饲养家禽品种要一致，不将不同品种的家禽或畜禽混养，推行"全进全出"的饲养制度；

③严禁外来人员和车辆进入养禽场，确需进入则必须消毒。养禽工作人员上班要穿工作服、工作靴、戴口罩，进出养禽场必须更衣。生产中运饲料和运禽产品的车辆要分开专用。

④控制其他动物带毒。禽场不种高大树木，尽量采用草地地坪绿化环境，防止野鸟集聚；经常开展灭鼠活动，生产区内不养猪、犬、猫等动物，这些动物从目前看虽不发生禽流感，但常带毒。

⑤自备饮水系统，采用深井水或自来水，不用河、湖、池塘水。

⑥家禽粪便和垫料堆积发酵或焚烧，堆积发酵不少于20天。

⑦加强饲养管理。在高发病区域，每天可用过氧乙酸、次氯酸钠等进行1~2次带禽消毒和环境消毒，平时每2~3天带禽消毒一次。尽量避免各种应激反应，必要时在饲料或饮水中增加0.01%的维生

素 C 和 0.1％的维生素 E，提高家禽抗应激能力。提供适应生产和生长发育所必需的饲料，保持饲料新鲜、全价。改善饲养环境，提供适宜的温度、湿度、密度、光照；加强禽舍通风换气，保持舍内空气新鲜；定时清理粪便和打扫禽舍及环境，保持生产环境清洁卫生。

⑧每批家禽出笼后，空舍期不少于 3 周，按照清扫→清洗→干燥→消毒→再清洗→再干燥→再消毒→再清洗→最后封闭熏蒸的清洁消毒程序处理禽舍。使用两种以上消毒剂，清除禽舍病原残留，防止病原感染下一批家禽。

4. 如何综合防控 H9N2 禽流感？

H9N2 禽流感是由正黏病毒科、流感病毒属 A 型流感病毒引起的一种急性、高度接触性传染病，近两年 H9 亚型禽流感的危害日趋突出，成为影响当今养禽业发展的重要疾病之一。要想减少本病的发生，只进行疫苗免疫远远不够，只有对其流行特点有深入认识，才能采取合理有效的防控措施，减少或杜绝禽流感的发生。

（1）当前 H9N2 亚型禽流感的流行动态及发病特点

①H9N2 亚型禽流感仍是当前养殖业中禽流感流行的主型，特别在商品代肉鸡中更加突出。其流行呈全国性持续存在，严重危害我国养禽业的发展。

由于受到传播途径和传染源的影响，疫源地的根除十分不易，疫情隐患长期存在；市场流通频繁、检疫工作滞后等给疾病流行创造了条件。还有其他的一些因素，如不免疫或不按免疫程序免疫，疫苗保护达不到理想效果，生物安全措施落实不到位，也是导致该病长期流行的原因。

②发病的季节性越来越不明显，且传播范围广。H9N2 禽流感一年四季均可发生，但在每年 11 月至来年 4～5 月发病率最高；发病日龄越来越小，15～40 日龄雏鸡多发；传播速度快，死亡率较以前增高，多日龄共存大型鸡场一旦受污染，很难将其清除。

③H9N2 亚型禽流感毒株间存在差异，呈多态性。禽流感病毒的基因组由 8 个分节段的 RNA 组成，极易发生变异。近几年分离株均

为欧亚谱系 A/DK/HK/Y280/97-1ike 分支 1.1 亚分支（田间分离株），而常见疫苗株 SS 94 株、F98 株等属于 A/DK/HK/Y280/97-1ike 分支中的 1.2 亚分支，导致原有疫苗毒株保护力低。

④临床表现多样性，发病率高，死亡率高低不等。非免疫鸡群感染后发病率高，死亡率高；免疫鸡群部分鸡在免疫效果差的情况下发病，如果不继发细菌病，死亡较少。非典型发病时没有特征症状，但易造成育雏及育成鸡新城疫等疫苗免疫失败，产蛋期主要引起产蛋下降，而且多为条件性发病。

⑤呈现多器官损伤，免疫抑制，产蛋量下降。鸡群感染 H9N2 亚型禽流感后主要呈现呼吸系统（引起气管栓塞）、消化系统、生殖系统和全身组织器官轻度出血等症状和病变；可破坏免疫系统，导致严重的免疫抑制，而易继发大肠杆菌或其他病原（IB、ND 等）的感染，造成家禽发病率和死亡率上升；引起产蛋鸡产蛋量下降，病愈后难以恢复原有生产水平。

⑥水禽和候鸟是传播禽流感的主要原因之一。水禽中广泛存在 H9N2 亚型禽流感病毒，是外观健康的隐性感染者，水禽是预防禽流感的最大隐患，候鸟迁徙也是禽流感传播的重要原因之一。

(2) 综合防控措施

①建立良好的生物安全体系，杜绝病原侵入鸡群。严格执行消毒制度，在进鸡前最好用不同成分的消毒剂消毒 3 次以上，如用戊二醛、癸甲溴铵、甲醛等；加强禽场的防疫管理，禽场门口要设消毒池，严禁外来人员随意进入禽舍；工作人员出入要更换消毒过的胶靴、工作服；厂区的用具、器材、车辆等物品要消毒；严禁从疫区或可疑地区引进家禽或禽制品。

②做好粪便的处理，尤其是发生过禽流感的粪便、污物等一定要堆积发酵。

③加强饲养管理，提高鸡体抵抗力，防止冷应激。鸡群易发病的临界温度为 16℃，当免疫或天气变化时，鸡舍温度要适当提高 0.5~1℃。尽量保持昼夜温差不超过 3~4℃，特别注意避免短时间内出现较大的温差变化。经常在饮水中添加维生素，以减小应激影响。

④制定适合本地区、本鸡群的免疫程序。做好预防接种工作。免疫接种是控制病毒性疾病发生的主要手段，在流行季节宜尽早免疫和多次免疫。

选择优质禽流感多价灭活苗（新城疫、H9N2 禽流感二联灭活疫苗），在注射油苗的同时注射硫酸头孢喹肟等可减少细菌病的发生。

可参考如下免疫方案：

a. 蛋鸡和种鸡：

5～10 日龄新城疫-支原体病禽流感三联或新城疫-禽流感二联灭活疫苗首免；

35～40 日龄新城疫-支原体病禽流感三联或新城疫-禽流感二联灭活疫苗二免；

120～130 日龄新城疫-支原体病禽流感三联或新城疫-禽流感二联灭活疫苗三免；

40 周龄后加强免疫新城疫-支原体病禽流感三联或新城疫-禽流感二联灭活疫苗。

b. 快大肉鸡：

1～7 日龄免疫新城疫-支原体病禽流感三联或新城疫-禽流感二联灭活疫苗。

c. 中慢速黄羽肉鸡：

5～7 日龄首免新城疫-支原体病禽流感三联或新城疫-禽流感二联灭活疫苗；

35～40 日龄进行二免。

d. 白羽肉鸡

A：1 日龄新城疫-支原体病禽流感三联或新城疫-禽流感二联灭活疫苗首免；

9～12 日龄新城疫-支原体病禽流感三联或新城疫-禽流感二联灭活疫苗二免；

B：5～10 日龄新城疫-支原体病禽流感三联或新城疫-禽流感二联灭活疫苗免疫。

⑤药物治疗 对 H9N2 亚型禽流感，适时使用抗病毒药物仍有一些早期预防、减轻症状和减少损失的作用。

a. 添加保健药物，以减少禽流感引起的继发感染或混合感染造成的死亡。

b. 应用替米考星、盐酸多西环素、延胡索酸泰妙菌素等，有效控制呼吸道疾病综合征。

c. 应用头孢噻呋钠、氟苯尼考控制大肠杆菌病。

d. 在病毒病易发季节或在免疫空白期，预防性地使用抗病毒中药双黄连口服液或桑仁清肺口服液清热止咳，尽可能清除体内各种致病因子，以减少体内病毒的含量，减少呼吸道疾病的发生。

e. 对于肉仔鸡 15 日龄后，每周用益肝护肾口服液饮水 2～3 天，预防肾肿、保护肝脏。

疾病或不当用药会损伤鸡的肝脏和肾脏，使肝脏的造血功能、解毒功能、消化功能等降低；冬春季节鸡舍环境恶劣，肾脏的排泄功能、水盐平衡和酸碱平衡功能负担加重，抗应激功能等各种能力降低，从而导致机体抗感染能力降低。

⑥重视胃肠道保健。胃肠道的健康及其功能对家禽生产意义重大，很多免疫失败与肠道是否健康有很大关系。家禽胃肠道受到损伤后，会造成对营养物质的吸收障碍，从而导致家禽营养不良、脱水、以及一些电解质及维生素的缺乏，严重影响家禽的生长发育，影响家禽的生产性能和免疫机能。所以育雏前期应根据情况定期饮用微生态制剂或酶制剂来保证家禽肠道健康。

5. 如何防控鸡新城疫？

鸡新城疫又叫亚洲鸡瘟，俗称鸡瘟，是由鸡新城疫病毒引起的主要侵害鸡和火鸡的一种急性、高度接触性传染病。临床上表现为呼吸困难、下痢、神经症状、黏膜和浆膜出血，常呈败血症经过。

（1）流行特点 鸡最易感，各品种、年龄、性别的鸡均可发生，以 30～50 日龄的鸡多发。两年以上的老鸡易感性较低。火鸡、鹌鹑、鸽等亦可感染发病。

传播途径主要是通过消化道和呼吸道传染，病毒污染的饲料、饮水、空气、尘埃、用具等都可传播本病，病毒也可经损伤的皮肤、黏膜侵入体内。但最大的潜在传播者是人和器具。当鸡群抵抗力低时，80%以上的鸡可感染发病。

该病一年四季均可发生，尤以寒冷和气候多变的季节多发。本病的主要传染源是病鸡和带毒鸡，其分泌物、粪便以及被污染的饲料、饮水、外寄生虫、人畜等均可传播病源。鸭、鹅等水禽及麻雀、乌鸦等也可散播病毒。

在非免疫区或免疫低下的鸡群，一旦有速发型毒株侵入，可迅速传播，发病率和死亡率可达90%以上。目前，在大中型养鸡场，鸡群有一定免疫力的情况下，鸡新城疫主要是以一种非典型的形式出现，常被误诊，应引起重视。

(2) 临床症状 潜伏期一般为2～7天，根据临床表现和病程，可分为最急性、急性和慢性三型。

①最急性型：病情发展很快，鸡只常无任何症状而突然死亡，多见于流行初期和雏鸡。

②急性型：鸡病初体温升高，可达43～44℃，精神委顿，离群呆立，突然减食或不食，鸡冠和肉垂呈深红色或紫黑色，羽毛松乱，张口呼吸，常发出"咯咯"声或尖叫声。嗉囊内充满液体或气体，口、鼻、咽、喉头积聚大量黏液，摇头频咽，倒提时有大量液体从口内流出。粪便稀薄，呈黄绿色或黄白色，有时混有血液，恶臭。发病2～3天后病鸡出现死亡，死亡呈直线上升，有明显的死亡高峰，10天左右死亡减少，耐过的鸡出现站立不稳，头颈歪斜，翅、腿麻痹等神经症状，病程为2～6天，死亡率可达90%以上。

③亚急性型或慢性型：鸡病初症状与急性大致相同，病鸡咳嗽、喘息、减食，严重影响产蛋，常停产1～3周。腹泻和消化道出血等病理变化较轻。病鸡常出现歪颈、仰视、腿和翅麻痹等神经症状，也有的在受惊或抢食时突然倒地、抽搐，数分钟后恢复正常。头颈向后或向一侧扭转，常伏地旋转，动作失调，反复发作，终于瘫痪或半瘫痪。一般经10～20天死亡，死亡率为5%～50%。此型多发生于流行后期的成年鸡，或免疫接种质量不高，或免疫有效期接近末尾的鸡群。

(3) 剖检症状 典型表现是病鸡喉头和气管充血、出血，有大量黏液，嗉囊内充满酸臭的液体。病死鸡内脏浆膜、黏膜出血，腹部脂肪、心冠脂肪出血。腺胃与食管和肌胃交界处有出血点（带），腺胃乳头出血，十二指肠、卵黄蒂后约 3 厘米处及回盲部的淋巴滤泡肿胀、出血或有枣核状溃疡灶，盲肠扁桃体出血、肿胀，泄殖腔严重出血。卵泡变形、充血、出血、破裂。

以上症状和病变不会同时出现在同一病例上，非典型性新城疫病变多不明显，应多剖检病死鸡，结合流行病学和大群情况进行综合判断。

（4）防治 鸡新城疫目前尚无有效的治疗药物。预防的关键是适时进行免疫接种和实施综合性防治措施。加强饲养管理，提高鸡的抗病力和免疫应答能力。严格隔离消毒，切断传播途径。大中型鸡场应执行"全进全出"制度，谢绝参观，加强检疫，防止动物进入易感鸡群，工作人员、车辆进出须经严格消毒处理。

①预防接种：目前我国常用的疫苗有鸡新城疫Ⅰ、Ⅱ、L（La Sota）系活疫苗和油乳剂灭活疫苗。应根据实际情况制定出适合本场的免疫程序和免疫途径。大型鸡场多采用气雾和饮水免疫，小型鸡场和农家养鸡可采用滴鼻和注射等方法。

Ⅰ系苗为中等毒力的活苗，产生免疫力快（3～4 天），免疫期长，可达 1 年以上，但对雏鸡有一定的致病性，常用于经过弱毒疫苗免疫过的鸡或 2 月龄以上的鸡，多采用肌内注射或刺种的方法接种。Ⅱ系和 L 系苗属弱毒力苗，大小鸡均可使用，多采用滴鼻、点眼、饮水及气雾等方法接种。油乳剂灭活疫苗对鸡安全，不会通过疫苗扩散病原，可产生坚强而持久的免疫力，但是注射后需 10～20 天才产生免疫力。

②鸡场一旦发生本病，首先将可疑病鸡检出焚烧或深埋，被污染的羽毛、垫草、粪便应深埋或烧毁。封锁鸡场，禁止将发病鸡群转场或出售。

如发病初期全群精神尚可，食欲不减呈零星死亡。可用Ⅳ系或克隆 30 点眼、滴鼻，每只雏鸡 1.5～2 羽份，同时注射油乳剂灭活苗。青年鸡用Ⅳ系 3～4 羽份，成鸡 5～7 羽份，同时应用抗生素、电解多维饮水或拌料，防止继发感染，增强体质。当鸡群精神沉郁、食欲下降，死亡率每日超过1‰以上时，不应紧急接种疫苗，否则会引起大批死亡。待最后一个病例处理2周后，并通过严格消毒，方可解除封锁。

6. 怎样治疗鸡非典型新城疫混合感染大肠杆菌病？

新城疫病毒虽然只有一个血清型，但不同毒株的毒力差异较大。传统疫苗对流行毒株有一定的保护力，但近年来免疫鸡群非典型新城疫不断发生。鸡群非典型新城疫常伴有大肠杆菌的混合感染。发病鸡表现肝周炎和心包炎，易被误诊为单纯的大肠杆菌病，使用抗菌药后，用药期临床症状虽有所减轻，但伴发零星死亡，随病程的延长死亡量增加。因此，如何控制和减少免疫鸡群中新城疫病毒强毒感染与传播，改善环境，控制大肠杆菌病，采取正确的免疫程序和免疫方法，成为鸡病防治工作中亟待解决的问题。

(1) 症状 病鸡体温升高，有明显的呼吸道症状，咳嗽，气喘，张口伸颈，呼吸困难，常有"呼噜"声响，口腔中分泌物增多，摇头，企图将黏性分泌物排出；排黄白色或黄绿色稀粪。病程稍长，病鸡出现精神沉郁，羽毛松乱，垂头缩颈，翅膀下垂，冠和肉髯发绀，眼半闭或全闭，呈昏睡状态。

(2) 病理变化 病死鸡皮肤干燥、脱水。内脏浆膜和黏膜出血，心冠脂肪和腹部脂肪有出血点。口咽部蓄积黏液，嗉囊内充满酸臭、混浊液体。喉头和气管黏膜充血、出血，有黏液。部分鸡肾脏肿大、瘀血。

腺胃肿胀，腺胃乳头出血、溃疡，腺胃与食管交界处黏膜肿胀。肌胃内膜易剥离，肌层有出血斑；各段肠管出血，十二指肠前段、空肠及回肠肠壁有枣核状肿胀和轻度出血，直肠黏膜呈条纹状出血；心包炎，心包内积有淡黄色含纤维素性液体，心包膜混浊、增厚；肝肿大，整个肝脏被一层纤维素性薄膜包裹；脾、肾多有充血和瘀血。

(3) 综合控制

1）预防接种

①新城疫疫苗因其病毒亲嗜性较广泛，免疫接种方法较多，如：

Ⅳ系苗、C0-30苗可采用饮水、滴鼻、点眼及气雾免疫，尤以滴鼻点眼最好。但要保证疫苗进入鼻腔、眼内；活疫苗在1小时内用完，灭活苗（油苗）在24小时内用完。解冻或开启后剩余的疫苗应销毁，不可冻结后再用。用完后的疫苗瓶、器具、包装物等要进行无害化处理，彻底消毒或销毁。

②预防接种之前，应注意详细了解被免疫鸡的健康状态，生长均匀度差、有隐性感染的鸡群，免疫应答不良。

③无论采取哪种接种方法，对鸡群而言都是一种应激。接种前后给予维持体液平衡、增强体质等抗应激药物，可大大降低免疫接种造成的应激。建议养殖户在免疫前后3天，于饮水中添加电解多维等。

④加强饲养管理，搞好环境卫生和消毒工作。淘汰病弱鸡只，给予对大肠杆菌敏感的抗菌药物。

2）治疗　上午，PRO-氢氧核酸每克兑水20千克同时加入退热药，如安乃近、扑热息痛或氨基比林等按正常量使用。下午，选用一些抗菌药物，如丁胺卡那霉素、头孢类、庆大霉素等。晚上，通肾药按两倍量使用。同时多维自由饮水，连用3~4天。

7. 如何鉴别温和型禽流感与非典型新城疫？

冬春季节诸多病毒性疾病接踵而来，给养禽业带来许多无奈与困惑。临床鸡病诊断中如何区别温和型禽流感和非典型性新城疫病是一个常见的难题。这也是难以控制鸡只死亡的主要因素。因为这两个病的治疗方法是完全不同的，尤其是肉仔鸡，一旦误诊，错过了最佳治疗时机，鸡只死亡就很难控制。由于这两种疾病症状表现比较相似，临床上很难作出正确诊断，以至于不能安排合理的治疗方案。

（1）易感动物的鉴别　鸡新城疫是由副黏病毒引起的，易感动物是鸡，死亡率高于禽流感。鸡禽流感是由正黏病毒引起的，具有快速流行、持续时间长等特点，对禽类都有一定的互感性，鸡、鸭、鹅等禽类均易感染。

（2）临床症状的鉴别　就我国目前县、乡兽医防疫部门的现状而言，禽病的诊断90％以上还是通过临床症状和解剖病变，禽流感和新城疫给养鸡业带来的危害众所周知，但是能够从临床角度全面认识和区别禽流感和新城疫的还不是太多，正因为对这两种病的诊断混乱、处理不当、治疗方案不对路，才造成养禽业不可估量的损失。

新城疫虽然不分季节和日龄，但雏鸡40日龄前发生新城疫实际并不多见，因法氏囊病发后引发新城疫的除外。本病真正的第一个高发期是在40～70日龄。多数先出现非典型的病变，少量死亡。这个阶段感染后以死亡和出现神经症状的鸡为主。第二个高发时间段为蛋鸡开产阶段，一般在注射完新城疫-减蛋综合征二联油苗后5～15天常见，此时表现大多以蛋壳质量下降为主，也可见到绿色下痢，但很少引起死亡。该阶段感染主要表现为蛋壳薄、脆、白等症状。该病的发生与疫苗质量、免疫方式、免疫时间、接种剂量等有直接的关系。

禽流感的发生有明显的季节性，即冬春季多发。冬季过暖，春季过冷，流感就会发生。其次是环境差的鸡场，病原体的污染是一个很麻烦的问题，空气中、不同的动物体内、甚至水中都有，特别是高密度饲养区，粪便、病死鸡、污水等处理不当，常常带来较高的发病率。再者，鸡群抵抗力下降是发病的又一诱因。饲料水平决定着鸡群发病率。所以环境应激、营养、体质、药物的合理性等方面对判断流感的发生，具有较高的临床参考意义。

温和型禽流感发病鸡群症状表现为肿头，眼睑周围浮肿，有的冠和肉髯边缘因瘀血呈暗紫色，肉髯可变厚、变硬，触之有热感，有时出血，腿部鳞片有出血斑等症状，死亡率很低，每天0.5％的死亡，累积死亡10％左右。非典型新城疫一般没有肿头、眼睑浮肿，也不会出现冠髯出血、腿部出血现象，有较高的死亡率。呼吸道症状会从鸡群的某个区域出现，逐渐蔓延，一般5～7天全群出现呼吸道症状，而且呼吸声很特别，有"哏"怪叫，新城疫病的初期主要是咳嗽、呼噜、甩鼻为主的变化，继发感染的除外。

温和型禽流感病鸡初期只是拉稀，中后期拉黄色、绿色或黄绿色粪便，后期有部分或少量的拉橘黄色稀便，这个特点很重要，蛋鸡表现的更明显。而新城疫发生后，绝对不出现橘黄色粪便，粪便上的鉴别只有这个变化。

(3) 剖检鉴别

①鸡颈部胸腺的变化：无论是非典型新城疫或是温和型流感，胸腺必定出现多少不等的出血点，严重红肿非常明显，也就是说胸腺出血和肿胀的严重程度和病的严重程度有关。新城疫引起的变化只是在前1～4对胸腺，出现出血或肿大的胸腺越靠前几对（上），说明发病的时间越长并且严重；温和型禽流感一般先出现下几对胸腺的出血或肿大，病情严重程度也和出现变化的胸腺位置有关系，初期一般是后几对（下）胸腺先有出血点和肿大。产蛋鸡胸腺退化，没有诊断意义。

②盲肠扁桃体的变化：这一点很重要也很好鉴别。新城疫病鸡盲肠扁桃体会出现严重的出血、肿大变化；如果是温和型禽流感，有部分引起盲肠扁桃体严重出血，有部分出血不严重，也有的不引起盲肠扁桃体出血。因此，要多解剖几只鸡，检查到底有没有盲肠扁桃体不出血的、或轻微出血、或轻微肿大的不出血的鸡只，如果是肯定的，诊断者就要心中有数了，已经有温和型禽流感的可能了。不论蛋鸡或肉仔鸡，这个变化都适用。

③腺胃的变化：对腺胃乳头的观察也是鉴别新城疫和禽流感的重要依据之一。禽流感病鸡腺胃乳头与乳头间出血，而患新城疫的鸡腺胃乳头出血、肿大。

④肠道淋巴细胞弥散处或弧结处的变化：鸡淋巴弧结一般在十二指肠降祥处（下段），呈条状不规则的岛屿状（2～3厘米），不发病时呈白色隐性存在，不出现明显的岛屿。如果是温和型禽流感多表现弥散性出血；新城疫不多见。

⑤淋巴弧结的变化：在卵黄蒂后2～6厘米内，有淋巴弧结存在，正常也是隐形的，一般只有发生新城疫时这里才出现变化，禽流感一般不出现变化。主要表现半个黄豆大小的弧结，典型或非典型新城疫只出现隆起，上面有1个或多个出血点或整个出血，典型新城疫则出现严重溃疡，并覆着有黏性绿色物质；死亡严重的温和型禽流感，也偶尔出现白色轮廓。

⑥回肠淋巴弧结的变化：这个变化温和型流感表现也是和卵黄蒂

后的变化是一样的；新城疫也出现与卵黄蒂后一致的变化。

⑦盲肠细段和直肠黏膜：温和型禽流感这里不出现变化或不出现弥散出血点；而新城疫病鸡出现1个或多个米粒样的突起并出血，鸡的年龄、病症的严重程度与出血的严重程度或大小有关。一般情况下，直肠黏膜的变化不作为诊断新城疫或禽流感的依据，临床可以忽略。

⑧有无腹膜炎的发生：温和型禽流感可能会出现纤维素性腹膜炎，呈黄色。蛋鸡前期也只是出现纤维素性腹膜炎，后期才出现卵黄性腹膜炎。新城疫病鸡基本不出现腹膜炎，后期严重时有可能出现轻微的卵黄性腹膜炎。

⑨肝脏的变化：这也是临床上能够快速、直接、最有效地区分温和型禽流感和非典型新城疫变化的，温和型禽流感患鸡的肝脏呈紫黑色，新城疫患鸡肝脏没有这种现象发生。

8. 如何防治温和型禽流感和非典型新城疫？

对于一个疫病的治疗包括对因治疗、对症治疗和增加机体抵抗力三种方式。防治温和型禽流感主要办法是快速控制流感病毒的复制能力，快速抑制继发和并发感染，快速提高鸡自身的抵抗能力。

（1）温和型禽流感的治疗　进行对因治疗，没有特别有效的措施，但可以使用黄芪多糖、金丝桃素类药物进行控制，并配合使用大剂量的中成抗禽流感药物，实践证明这种治疗是有效的。抗病毒中药的量必须足够大才能起到较好的效果，抗病毒的中药主要有清瘟解毒散、双黄连口服液、荆防解毒散、黄连解毒散等，这些中药制剂的使用剂量在治疗禽流感时应该加大到2～4倍。

禽流感的对症治疗。禽流感能引起发病、组织器官损伤（特别是产蛋鸡的生殖系统损伤）和继发感染。针对这些问题可以使用安乃近、氨基比林、阿司匹林等解热药控制体温，使用广谱抗生素控制继发感染和抗菌消炎，使用维生素A、维生素D、维生素E、中药（如增蛋散、激蛋散）维持生殖系统和组织器官的功能等。

增加机体抵抗力，添加黄芪多糖、多种维生素、氨基酸等可以增加机体的抵抗力。另外，饲喂高档全价的饲料、加强饲养管理等在发生禽流感时是很有意义的，一般情况下凡是饲喂了高档全价饲料、饲养管理良好的养殖场发生禽流感的几率和损害就低。下面就不同的发病情况提供治疗方案。

对于发病较早、症状较轻、轻度减食、精神状态尚好的，可使用双黄连＋强力霉素＋维生素 A＋维生素 B＋维生素 E 拌料，连用 3～5 天。

对于食欲减退较多、饮欲尚好，腿部鳞片有明显出血、精神状态较好的，可使用荆防解毒散＋激蛋散（肉仔鸡不用）2～4 倍量拌料，泰乐菌素饮水，连用 4～5 天。

对于食欲、饮欲减退很多，精神较差，冠髯暗紫，有少许伤亡的，可使用清瘟解毒散＋氨基酸拌料，同时头孢噻呋钠饮水，连用 5 天。

对于饮欲、食欲几乎废绝，精神极差，肿头，呼吸道症状严重，有一定数量死亡的，可使用干扰素 3 倍量＋泰乐菌素口服 3 天，待饮欲、食欲提高后，使用清瘟解毒散＋激蛋散拌料，泰乐菌素＋强力霉素饮水，连用 5 天。

对于个别食欲废绝、情况比较严重的，使用双黄连＋头孢类抗生素＋解热类药物＋激素类肌内注射，这种方法可很快控制病情的发展。

制订良好的中药配合方案，加以抗菌药物防治继发感染，是有的放矢进行温和型禽流感治疗的最好方法。这种方法如果使用得当，会在短时期内治愈禽流感并最大限度地不影响鸡的产蛋性能或使降下来的产蛋率以最快的速度回升，所以该方法被普遍采用。

（2）非典型新城疫的预防　主要还是依靠疫苗。如何尽可能地避免蛋鸡开产后发生非典型新城疫病，减少蛋鸡饲养户的经济损失？介绍一下临床经验。

除了在鸡青年期制订和执行严格的免疫程序外，在开产前尤其是 90 日龄左右，给鸡逐个接种优质的新城疫 I 系苗（要求 3～4 倍剂量），肌内注射，每只 1 毫升，100～120 日龄期间按程序再接种油佐剂灭活苗，经过这样的免疫，整个产蛋期鸡群抗体水平基本上一致而且很高，可以安全地度过产蛋期，避免产蛋过程中发生非典型新城疫。

9. 禽流感与新城疫治疗误区有哪些？

由于鸡群在发生禽流感期间所表现出来的临床症状会随一些环境因素或人为因素的参与而发生变化。本来是温和型的症状会转化为高致病性的症状；本来能够治疗的由于某种因素的参与而增加治疗的困难。所以要正确把握临床症状、细心观察剖检变化，作出正确判断。但是在实际操作中往往存在以下误区。

①误用新城疫（ND）疫苗：这种情况在临床上见到最多，因为温和型禽流感的临床症状与非典型新城疫的症状有较多的共同点，若临床经验不足，就会把禽流感当作新城疫来对待，使用新城疫疫苗，其结果会加重该病的发生，本来是低致病性的临床症状就会向高致病性的症状发展，造成鸡群不该有的大量死亡。因此，在禽流感病发生的早、中期绝对不能使用新城疫疫苗。

②带鸡消毒：当环境气温低于10℃时，就不应该再带鸡消毒了。带鸡消毒会使疾病更加严重，也给治疗带来更大的困难。有的本来是能够治疗好的鸡群，由于带鸡消毒而造成治疗无效。

③病毒与细菌的协同作用：禽流感发病过程中，如果有某些致病细菌同时发生或继发感染，或在饲料中添加了有关的微生态制剂，就会加重禽流感的病情。

④某些药物的不正确使用：如使用了禽流感发病期不能用的中药如行气类、补益类、壮阳类等药物，这类药物在禽流感发病的早、中期使用会增重病情。

⑤用疫苗预防非典型新城疫时，过早使用抗病毒药物或使用含有金属离子的水质、含漂白粉的自来水等。

⑥新城疫疫苗使用不当：随意添加抗生素。有些养殖户认为在疫苗中添加抗生素可以有效防治大肠杆菌等细菌感染。其实这是不正确的做法，在疫苗内加入抗生素绝不会提高新城疫抗体水平，只会对疫苗产生抗体造成抑制。

10. 鸡常见的呼吸道疾病有哪些？怎样防治？

鸡的呼吸道疾病种类很多，可由病毒、细菌、支原体引起，是养鸡生产中常见的一类疾病，各种日龄的鸡均可感染。发病率高且容易引起各种继发感染，导致雏鸡生长发育迟缓，成年鸡产蛋量下降，甚至引起各种日龄的鸡死亡。鸡群的各种呼吸道疾病在临床症状上有很多相似之处，临床检查很难确定发生的是哪一种呼吸道疾病，给诊断带来一定的困难。现将各种呼吸道疾病以及具有呼吸道疾病症状的常见病、多发病介绍如下。

(1) 鸡慢性呼吸道疾病

1) 病原及发病因素　该病是由鸡毒支原体引起的一种呼吸道疾病。支原体广泛存在于鸡体内，各品种的商品蛋鸡群都不同程度地带有这种病原体。正常情况下，没有其他疾病发生时，很少引起鸡群发病。但在多种应激因素的作用下，会引发本病。应激因素如：①饲养密度过大，鸡舍通风不良，粉尘过多，舍内氨气、二氧化碳、硫化氢等有毒有害气体浓度过高，易引发本病。②在春、秋、冬季节，昼夜温差较大或受寒流的袭击，没有及时做好防寒保温工作，鸡群受寒易发病。③发生新城疫、传染性支气管炎、传染性喉气管炎、传染性鼻炎等病时，可继发慢性呼吸道疾病。④当鸡日龄过小时即便是正常的气雾免疫也可激发本病。

总之，外界一切不利因素均可成为本病发生的诱因。

2) 发病的主要表现　本病的特点是发病急、传播慢、病程长。不伴有其他疾病的单纯性感染，多数鸡精神、食欲变化不大，少数鸡呼吸音增强（夜间明显）。随病程发展，病鸡逐渐增多，采食量减少，有些鸡一侧或两眼流泪，甩鼻，颜面肿胀。如治疗不及时，则转为慢性，食欲时好时坏，眼内有干酪样渗出物，有的如豆子大小，严重时可造成眼睛失明。少数鸡因喉头阻塞窒息而死亡。若无继发感染死亡率较低。死后解剖主要病变是气囊炎。成年鸡发病对产蛋的影响较小。但实际生产中本病发生后常继发大肠杆菌病（尤其肉鸡），使病情复杂化，鸡群死淘率增加。与大肠杆菌混合感染，解剖后可见心包炎、肝周炎、气囊炎，或出现卵黄性腹膜炎。混合或继发感染时，解剖还可见到其他疾病的病理变化。

3）防治 本病的发生有明显诱因，预防工作显得更为重要。本病的防治应遵循以下原则。

①首先要做好各种病毒性疾病的预防接种工作。其次是加强饲养管理，夏天做好防暑降温，冬天做好防寒保暖。做好鸡舍的通风、卫生、消毒工作，给鸡群创造一个良好的生存环境。

②该病一旦发生要尽最大努力去除发病诱因，改善环境。这样有利于提高治疗效果。如果伴有其他的病毒性疾病发生，则首先以控制病毒性疾病为主。

③为防止本病引起继发感染，可适当投药加以预防。治疗时应考虑发病鸡的数量，少数发病时以个别治疗为主。当发病鸡数量多、外界诱因又无法立即去除时，可考虑大群给药与个别治疗相结合。个别治疗用卡那霉素，成年鸡每只每天1万单位，分2次注射，连续注射2~3天。全群给药可用链霉素、红霉素、恩诺沙星、支原净等饮水，连用3~4天。如与大肠杆菌混合感染，则以用治疗大肠杆菌病的药物为主。

（2）鸡传染性支气管炎

1）病原及发病特点 本病由鸡传染性支气管炎病毒引起，简称传支，其特点是发病急、传播快。各种日龄的鸡均可发生，但以雏鸡和育成鸡多发。

2）发病的主要表现 本病有三种类型，呼吸型、肾型和腺胃型。

①呼吸型：4~6周龄雏鸡多发，临床症状以呼吸困难为特征，表现张嘴呼吸、甩头、喷鼻、咳嗽、呼吸啰音、鼻腔有分泌物等。病鸡精神不振、食欲减退，病程1~2周，重者死亡。死亡率可达25%。成年鸡发病后呼吸道症状轻微，产蛋鸡产蛋量下降，产软壳蛋、畸形蛋、糙壳蛋、"鸽子蛋"等。蛋的质量差，蛋黄与蛋清分离，蛋清稀薄如水。10天后产蛋量逐渐恢复。

②肾型：以2~4周龄的鸡多发，发病鸡精神沉郁、食欲不良，呼吸道症状不明显，或呈一过性。排灰白色稀便。死亡快，呈直线上升。死后剖检肾脏高度肿胀、苍白，充满尿酸盐，呈"花斑肾"。死

亡率可达 10％～30％。

③腺胃型：40～80 日龄的鸡多发。本型传播速度较上述两型慢，病鸡精神不振、食欲减退，有呼吸道症状，比慢性呼吸道疾病的呼吸道症状明显且严重。下痢，病程长，可达 20 天以上。病死鸡明显消瘦。解剖变化以腺胃最具有特征，腺胃肿胀明显，有的可呈圆形。胃壁增厚，腺胃乳头周围出血。

3）防治 鸡传染性支气管炎没有特效治疗药物，关键是搞好预防工作。发病时给予抗生素，主要是防止鸡白痢、大肠杆菌病和慢性呼吸道疾病的继发感染。呼吸型传支可用新城疫、传支二联苗免疫。肾型传支和腺胃型传支可选择油乳剂灭活苗进行免疫。

（3）鸡传染性喉气管炎

1）病原及发病特点 该病由喉气管炎病毒引起。各种年龄的鸡均可感染，尤以成年蛋鸡多发。传播速度较快，但发病率比鸡传染性支气管炎高。

2）发病的主要表现 病鸡呼吸极度困难，比任何呼吸道病的症状都明显。有的病鸡吸气时张口、伸颈，呼气时则低头缩颈，在鸡舍可听到"咯咯"的怪叫声。有的病鸡咳出带血痰液。

鸡群发病后很快出现死鸡，解剖特征是在喉头和气管处见有含血的分泌物，病程长者喉头和气管常不见出血变化，但经常被分泌物阻塞窒息而死亡。

3）防治 发生本病后，可给鸡群投喂抗生素，控制鸡白痢、大肠杆菌和慢性呼吸道病的发生，以降低死亡率。

对本病的防治关键是做好鸡群的免疫工作。可于鸡 50 日龄时免疫一次，90 日龄时再免疫一次。鸡传染性喉气管炎疫苗的毒力稍强，鸡免疫后有一定的反应，需注意。

（4）鸡传染性鼻炎

1）病原及发病特点 本病由副鸡嗜血杆菌引起，任何年龄的鸡均可发生，以育成鸡、产蛋鸡多发。寒冷季节容易发生。本病传播快，一旦发生，几天内可涉及全群。

2）发病主要表现 病鸡因鼻腔有分泌物而甩鼻，多见一侧颜面肿胀，有的鸡肉垂水肿。发病后 2～3 天鸡的食欲尚可，随后食欲明显下降，产蛋也急剧下降，可持续 10 天以上。发病的早、中期鸡只死亡少，随着鸡群的精神、食欲好转，产蛋量回升。死亡大多数由继发感染引起（如鸡白痢、大肠杆菌病、慢性呼吸道病）。

3）防治 对本病可用磺胺类药物治疗。副鸡嗜血杆菌对磺胺类药物非常敏感，早期应用可明显改善鸡只状况，缩短病程，有利于鸡群的恢复。但连续使用磺胺药物不要超过 5 天。为了防止继发感染，可以投予青霉素、链霉素、红霉素、恩诺沙星等抗生素。在常发生本病的地区，可在鸡开产前用油苗免疫。

(5) 鸡新城疫

1）发病特点 本病虽然不属于呼吸道病，但是新城疫的发生比较普遍，特别是非典型性新城疫的发生，具有明显的呼吸道症状。此时，如果把新城疫误诊为其他呼吸道病，将造成很大损失。因此，遇到鸡群出现呼吸道症状时，诊断的思路应该是排除新城疫以后再考虑是否是其他呼吸道疾病。

近年来发生的新城疫绝大多数是在免疫鸡群中发生非典型新城疫。主要原因是疫苗选择不当、免疫间隔时间过长、免疫方法不合适等引起。任何日龄的鸡都可发生。以 30 日龄、80 日龄和 200 日龄左右的鸡易发。

2）发病的主要表现 发病鸡群中的病鸡精神食欲比患任何其他呼吸道疾病的病鸡都差，病后 2～3 天鸡只开始死亡，而且死亡逐渐增加，这在雏鸡发病时比较明显。成年鸡随着发病开始，产蛋量急剧下降，软壳蛋比平常多，但是死亡率比较低。发病 7 天左右，鸡群中出现有神经症状（歪脖、转脖、转圈等）的病鸡。如果鸡群整体免疫力低，发病后病鸡症状较严重。

3）防治 对于新城疫的防治，关键是做好确实的免疫。使鸡群在整个饲养周期内，对新城疫始终保持高度、持久、一致的免疫力。专家推荐新城疫的免疫程序：7～10 日龄雏鸡，用弱毒苗滴鼻或点眼；间隔 15 天每只鸡注射 1 头份弱毒苗，同时在另一部位注射半头份油苗；当鸡开产前（大约 120 日龄时）每只鸡注射 1 头份油苗。有条件的对鸡群进行一次气雾免疫效果更好。在整个饲养周期内，要定期检测鸡群新城疫的免疫状况，当免疫水平低或抗体水平参差不齐时，要立即用气雾方法或注射方法进行辅助免疫，以提高鸡群整体免疫水平，才能有效控制新城疫的发生。实践证明，只要控制好病毒病，不发生新城疫，鸡群呼吸道疾病的发生就会明显减少。

总之，在生产实践中，鸡的呼吸道疾病临床症状相似，难以鉴别，但只要了解每一种呼吸道疾病鸡的临床症状和主要特征，通过反复实践，是不难做出初步诊断的。搞好养鸡生产，预防疾病发生的关键是要始终如一地坚持贯彻"预防为主，养防结合，防重于治"的方针。

11. 鉴别鸡几种常见呼吸系统疾病有何好方法？

近年来，新城疫、强毒新城疫、温和性禽流感、传染性喉气管炎、肾型传染性支气管炎、慢性呼吸道疾病、鼻炎、鼻气管炎等呼吸道疾病不分季节常年发生。工作在一线的技术员和养殖户都很茫然，遇到呼吸道疾病无从下手，搞不清楚是什么病，也不能拿出很合理的治疗方案。因误诊鸡呼吸道疾病造成的倒闭或整批淘汰的不计其数。现将临床上鸡呼吸道疾病鉴别诊断技巧简单介绍如下。

鸡的呼吸道疾病可简单地分为 3 类。一是病毒性呼吸道疾病，二是支原体类呼吸道疾病，三是细菌类呼吸道疾病。遇到呼吸系统异常的发病鸡群，应首先确诊为哪类呼吸道疾病。

病毒性呼吸道疾病的主要特点是传播速度较快、有一定的传染性，部分有怪叫声和高度呼吸困难。支原体类的传染性很小，几乎不易察觉，鸡群主要是打喷嚏、咳嗽明显，有节奏很缓和的呼噜声，几天时间鸡群声音发展不明显。

细菌性呼吸道疾病和支原体引起之呼吸道疾病类似，容易与病毒性呼吸道疾病区别，但是鸡鼻炎传染很快，容易与病毒性呼吸道疾病混淆。但鸡鼻炎的特点是脸部有浮肿性肿大，有一定数量的鸡流鼻液，鼻孔沾有饲料，可与病毒性呼吸道疾病区别。

鸡病毒性呼吸道疾病的处理原则，首先必须对新城疫进行鉴别性确诊，只有新城疫的治疗方法是特异性的，其他的病毒性呼吸道疾病基本处理方法大同小异；新城疫用一般的抗病毒药几乎无效。新城疫引起的呼吸道症状，主要是以咳嗽为主，也有尖叫、怪叫声；只要用大量的药物不见效果，或效果不理想的应当考虑新城疫。

（1）新城疫 患新城疫鸡群粪便内有明显的黄色稀便，堆型有一元硬币大小。粪便内有黄色稀便加带草绿色的像乳猪料样的疙瘩粪，或加带有草绿色的黏液脓状物质。非典型性新城疫虽然不出现典型的粪便变化，但解剖变化与典型新城疫类似。新城疫解剖鉴别要从以下五个特点分析。

从盲肠扁桃体往盲肠端 4 厘米内，有枣核样的突起，并且出血；突起大小和出血严重与否只是说明严重程度，并与鸡的大小有关，但都是本病。突起的数量有 1～3 个不等。

回肠与盲肠相交的地方有突起并且出血。严重病例突起很明显，出血也更严重，典型新城疫在突起上形成一层绿色或黄绿色的很黏的渗出物。非典型的只是像半个黄豆，有的并不出血，有的只是轻微有几个出血点。卵黄蒂后 2～6 厘米淋巴弧结有和回肠一样的变化。

呼吸困难的鸡气管内有白色黏液（量的大小与严重程度有关），气管 C 状软骨出血与否可以不考虑，泄殖腔和直肠条状出血也不重要。关键是在气管和分岔的支气管交叉处有 0.5 厘米长的出血，尤其典型新城疫。

腺胃乳头个别肿大、出血，有的病例不出现这种变化。温和型禽流感腺胃解剖变化和新城疫几乎相同，但没有与新城疫相同的肠道变化，只是肠道内也有大量的绿色内容物。

（2）禽流感

1）临床症状鉴别 患温和型禽流感的鸡群，临床症状的鉴别主要注意以下几点：①呼吸道异常的声音，不同的群体表现不同，这点希望牢记，不要在这儿出现误区。这一症状只是给诊断提供一个参考，知道温和型禽流感有呼吸道声音异常就可以。②粪便有两类表现。一是初期暂时不出现什么变化。二是排黄白色稀粪，并夹杂有翠绿色的糊状粪便，有的夹有绿色或黑色老鼠粪样的。中期出现橙色粪便。③采食量根据病的早晚期表现不一，初期采食微少，中后期采食严重变少或不食。④肿脸鸡的出现，有可能 1 000 只鸡只有 1～2 只，也可能有很多，也有可能就没有（早期）。这也是和新城疫区别的主要依据。

2）剖检鉴别　禽流感剖检特点：①腺胃乳头出血或基部出血、发红等，肌胃内有绿色内容物。肠道盲肠扁桃体出血、肿胀（也有不出血的病例），这一症状只提供参考不是决定性的条件。肠道淋巴滤胞积聚处不出现椭圆形的出血、肿胀和隆起（这是与新城疫区别的最关键部分）。②病初就可见腹膜炎，占剖检鸡的90%。肉鸡也一样，但中期和后期主要出现败血性大肠杆菌病的心包炎、肝周炎、腹膜炎"三炎"症状，尤其是肉鸡，蛋鸡还出现卵黄性腹膜炎，也有大肠杆菌病的"三炎"症状，且没有明显的臭味（这也是与大肠杆菌病的区别，是诊断本病最主要的依据，很多人在这儿误诊）。③肾脏肿大、出血，呈黑褐色。④胰脏坏死，有白色点状坏死、条状出血，有红黄白相间的肿胀，有人称为"流感胰"。⑤胸腺下（前）4～3对出血，有出血点或红褐色的坏死。⑥气管上部C状软骨出血（新城疫是整个气管的C软骨出血）。⑦法氏囊轻微出血或有脓性分泌物，又叫"流感囊"，胸肌有爪状出血。⑧胆囊充盈，胆汁倒流，肠道淋巴滤泡不出现隆起出血；但十二指肠下段有淋巴滤泡条状隆起并有点状出血。⑨肠黏膜上有散在的小米或绿豆大的出血斑，又叫"流感斑"，有渗血的感觉。⑩脾脏轻微肿大，有大理石样变化。

(3) 鸡肾型传染性支气管炎　主要发生于20～50日龄的鸡，产蛋鸡也有发生。主要表现以咳嗽为主的呼吸道声音异常、精神差，多为湿性咳嗽；3天后开始出现肾脏尿酸盐沉积，皮下出血；单凭肾脏尿酸盐沉积和有咳嗽声就可以与法氏囊病、新城疫、禽流感区别开来。值得注意的是，蛋鸡发生本病，发病日龄越小对将来的产蛋性能影响越大，导致鸡输卵管不发育或根本就没有输卵管，但卵巢发育正常。

鸡病毒性呼吸道疾病，除新城疫必须用疫苗治疗外，其他的包括温和型禽流感的治疗方法几乎都一样。肾型传染性支气管炎只是要在用药时添加肾肿解毒药。这个时候把新城疫或强毒新城疫区分开后，作为一线的诊断者基本在治疗上不会出现大的错误和失误，对病的治愈率可以有相当大的把握，但药要选对和选好，用法要正确。

(4) 支原体病　鸡群主要表现打喷嚏（不是咳嗽）和呼噜声，病程持久，产蛋鸡群白天听不到异常的声音。解剖可以看到腹腔内有一定量的泡沫，肠系膜上和气囊内浑浊或有白色絮状物质附着；鼻腔内鼻甲骨肿胀、充血，病程长的鸡气管增厚。

（5）鼻炎　主要是传染快，这和其他细菌性呼吸道病有明显的区别，应该很容易区分。刚开始发病主要也是咳嗽声，仔细看初期鼻孔流白色或淡黄色的鼻液，使饲料沾在鼻孔上。脸部眼下的三角区先鼓起肿胀，严重的整个眼的周围肿胀，呈浅红色的浮肿，这是与温和性禽流感和肿头型大肠杆菌病的区别；并且颈部皮下不出现白色纤维素样的病变。本病不出现明显的死亡，这也是和其他病区别的特点。

（6）鼻气管炎　本病可感染任何日龄的鸡，尤其是青年鸡更严重。临床主要表现治疗多次无效，用新城疫疫苗也无效，表现以咳嗽为主的呼吸道异常。主要是出现咳嗽的鸡极多，晚上有部分也有呼噜音。没有死鸡的现象、传染快，只是鸡消瘦；病程可达数月；没有鼻炎那样的肿脸现象出现。解剖鼻腔有点状出血，鼻甲骨肿胀、有出血点，气管内有白色黏液。肺脏和气囊无任何变化，不出现鼻液、肿脸、流泪等。注意尤其不要与鼻炎混淆，用鼻炎药是无效的。一般以咳嗽为主的呼吸道病常见的有新城疫、肾型传染性支气管炎、支原体病和鸡鼻气管炎。

临床上只要认真鉴别，治疗过程中就不会出现疗效不理想的现象，每种病都有特定的治疗措施，最重要的是要做好鉴别诊断。

12.　怎样鉴别鸡支原体病？

目前，我国绝大多数养殖场的鸡群都存在着支原体的感染，在正常情况下，一般不出现明显的临床症状，一旦有不利因素的应激，就会暴发本病，尤其是大型养殖场温度、湿度、通风控制不当，农户小型养殖场设备简陋、饲养条件差更易发病，如有大肠杆菌、非典型新城疫继发或并发感染，病情则会加重。

（1）临床症状　病鸡表现呼吸道感染，出现咳嗽、喷嚏、气管啰音症状，常伴有鼻涕堵塞鼻孔，频频甩头现象，个别鸡只眼内有泡沫分泌物。

（2）剖检变化 剖检主要病变在呼吸道，气管内黏液较多，鼻腔黏膜潮红、发炎，有时可见气囊内有泡沫样或干酪样物。如继发大肠杆菌感染，则表现为肝周炎、心包炎等；如继发非典型新城疫，则表现为腺胃乳头轻微肿胀，以及肠道淋巴滤泡肿胀、出血等。

（3）类症鉴别

①支原体病与传染性鼻炎的区别：鼻炎发病时面部肿胀，流鼻液、流泪等症状与支原体病相似，但鼻炎发病率高，传播速度快，且剖检通常见不到气囊病变及气管啰音。

②支原体病与传染性支气管炎的区别：鸡传染性支气管炎为病毒性疾病，鸡群发病较急，幼雏常伴有肾脏病变，成年鸡产蛋量大幅度下降并出现畸形蛋，各种抗菌药物治疗无效。

③支原体病与喉气管炎的区别：鸡传染性喉气管炎为病毒性疾病，全群鸡发病急，严重呼吸困难，咳出带血的黏液，很快出现死亡，各种抗菌药均无直接疗效。

④支原体病与维生素 A 缺乏症的区别：维生素 A 缺乏症表现眼中蓄积白色豆腐渣样渗出物，不发黄，食管、嗉囊等黏膜上有许多白色小结节，腿脚褪色，抗生素治疗无效，而且鱼肝油治疗效果很好。

⑤支原体病与新城疫的区别：新城疫表现全群鸡急性发病，症状明显，虽然呼吸道症状与慢性呼吸道病相似，但消化道出血严重，并且会出现神经症状，易与慢性呼吸道病区别。鸡新城疫可诱发慢性呼吸道病，而且其严重病症会掩盖慢性呼吸道病，往往是新城疫症状消失后，慢性呼吸道病的症状才逐渐显示出来。

13. 秋冬季如何做好鸡呼吸道疾病的预防？

秋冬季气温骤降，早晚温差大，气候寒冷，是鸡呼吸道疾病的高发季节，如果预防不好，会导致鸡群精神沉郁、气喘、咳嗽、呼吸困难、采食量下降，给养殖者带来很大损失。因此，弄清呼吸道疾病发生的原因，及时采取综合性防治措施，才能降低其发病率，减少经济损失。

（1）饲养管理因素 进入秋冬季，外界气温急剧下降，若鸡舍内的防寒保温工作跟不上，会使鸡群外感风寒，诱发呼吸道疾病。同时，由于天气寒冷，鸡舍温度过低，湿度过大，通风不良，灰尘较多，粪便清除不及时，导致舍内空气污浊，有害气体浓度过高，也易引起呼吸道疾病。

　　另外，一些应激因素如鸡群饲养密度过大，营养不良，免疫接种，饲养条件突然改变，维生素A等物质缺乏，长期或过量使用一种消毒药、抗菌药等，均可改变环境正常菌群，损害黏膜系统，导致呼吸道黏膜免疫力和抵抗力下降，诱发呼吸道疾病。

　　在预防上，首先应加强饲养管理，增加保温、取暖措施，同时一定要注意适当通风，以减少鸡舍中粉尘，降低舍内有害气体的浓度，满足鸡群所需温度和空气新鲜度。随时掌握气候变化，防止贼风、穿堂风侵袭鸡群。对鸡舍适时维修，防止老鼠、飞鸟等袭扰。及时清理鸡粪，定期对鸡舍、用具进行彻底消毒。温度与空气的合理协调是预防呼吸道的重要措施。其次，减少各种应激因素的发生，应激是诱发呼吸道疾病的重要因素。这些因素包括。

　　①环境：保持舍内温度、湿度、光照相对稳定，切忌忽高忽低。

　　②管理因素：及时转群，降低饲养密度，严格按照操作程序进行管理。

　　③生理因素：合理饲喂，增加抵抗力，可适当提高饲料代谢能的标准，尤其注意饲料中维生素的含量应满足需求，同时保证饲料原料无霉变、无杂质。饮水要清洁、充足等。

　　④预防保健：适时免疫接种，接种应避开产蛋高峰期；药物预防要合理选药，给药方法与途径适当，并注意搞好鸡舍环境卫生。

　　(2) 细菌性疾病因素　最常见的细菌性疾病如鸡传染性鼻炎、鸡白痢、大肠杆菌病，均可表现呼吸道症状，但都具有各自的特征。

　　①传染性鼻炎：病初打喷嚏，流稀薄鼻液，逐渐浓稠，有臭味，变干后成为淡黄色结痂，眼结膜炎，流眼泪，眼睑及周围颜面肿胀，先红肿后变为青紫色，鼻黏膜肿胀，呼吸有啰音，喉头、气管呈灰红色，有黏液。

　　②鸡白痢：对雏鸡危害较大，表现闭目打盹，缩颈低头，尖叫，腹部一收一缩，呼吸困难，肛门周围有白色糨糊样粪便，有时堵塞肛

门。一般在 3 日龄后死亡增加。

③大肠杆菌病：表现呼吸困难，有啰音，黏膜发绀，剖检可见气囊浑浊增厚，附有纤维素性黄白色干酪样渗出物。偶见眼炎，一侧或两侧失明，眼内积脓。

上述细菌性疾病，在鸡群的不同饲养阶段或在各种应激条件下均容易发生，此时进行药物预防是非常必要的，可定期给予一些广谱、高敏感的药物，并定期补充维生素、矿物质等营养物，以提高机体的抗病能力。同时应定期对鸡舍及环境进行消毒（如每周两次带鸡消毒），采用"全进全出"制，空舍时最好使用甲醛，高锰酸钾熏蒸消毒，饲养期间宜采用高效无毒的消毒剂进行喷雾消毒，舍外环境宜用 2‰～3‰的火碱水进行喷洒消毒。

当鸡群发生呼吸道疾病症状时，应及时确诊并采取措施，尽早控制疾病，细菌性疾病应依据药敏试验合理选药，目前常用的药物有泰乐菌素、恩诺沙星、环丙沙星、洁霉素、磺胺类药物等，对症治疗可适当应用一些止咳平喘的药物。

（3）病毒性疾病因素 许多病毒性疾病如新城疫、禽流感、传染性支气管炎、传染性喉气管炎等都可表现呼吸道症状，并且有时和细菌性疾病混合感染。鸡新城疫在发病时伴有呼吸困难、气管啰音、打喷嚏、甩鼻、有的流鼻液、冠和肉髯发绀、排黄绿粪便、全身黏膜充血，剖检可见器官内有黏液、气囊混浊、腺胃糜烂、出血，盲肠扁桃体出血、直肠出血等。禽流感发生时具有严重的呼吸道症状，如咳嗽、喷嚏、啰音、大量流泪、眼睑浮肿、冠和肉髯肿胀发紫。有的脚鳞出血发紫，排黄色稀便，剖检可见腺胃乳头鲜红色出血，输卵管有白色或干酪样分泌物，气管与支气管交叉处有干酪样分泌物，纤维渗出增多。

传染性支气管炎，以呼吸型、腺胃型、肾型、肠型等为主。呼吸型的主要症状是咳嗽、打喷嚏、张口喘气、啰音、眼睛湿润、流鼻液等。剖检可见气管内有黏液或干酪样渗出物，气囊混浊增厚。产蛋鸡常表现产蛋下降、畸形蛋、薄壳蛋、褪色蛋增多。

传染性喉气管炎是一种严重的呼吸道疾病，呼吸困难，喘气、咳嗽和咳出血样渗出物。剖检表现为喉和气管黏膜肿胀，出血形成糜烂。

　　针对病毒性疾病因素，目前有效的预防措施是建立完善的卫生防疫体系。首先，鸡场布局要合理，实行"全进全出"制，建立无病鸡群，定期对舍内外、饮水进行消毒，严格控制外来人员进入鸡场，场舍门口设置消毒池并定期更换消毒液，同时做好隔离。杜绝飞禽、老鼠的传播。其次，做好免疫预防接种工作，必须根据当地情况，制订出科学合理的免疫程序。做好对新城疫、传染性支气管炎、禽流感等疾病的免疫，有条件的可定期进行抗体检测，对抗体水平偏低或抗体水平参差不齐的鸡群要及时加强免疫。并严格按照接种操作规程进行免疫，确保达到预期的免疫效果。对于发病率高、死亡率低的一些病毒性疾病如非典型新城疫等要做好紧急免疫。

　　采取药物治疗鸡群呼吸道疾病时，要按照对因和对症治疗相结合的原则，选用抗菌、抗病毒的中西药物和对症治疗药，同时用电解多维、氨基酸、葡萄糖口服液饮水，以补充病禽所需的营养物质，缓解机体自体中毒。

　　总之，秋冬季给鸡群的饲养带来一定的困难，只有加强各方面的管理，采取科学的生物安全措施，减少应激因素，合理饲喂，增强鸡群抵抗力，并认真搞好免疫接种工作，坚持"全进全出"制，建立无病鸡群，才能控制疾病的发生，从而获得较好的经济效益。

14. 如何做好鸡传染性法氏囊病的免疫？

　　鸡传染性法氏囊病最早于 1957 年在美国特拉华的甘布罗被发现，故又称甘布罗病。该病一年四季均可发生，以 20～40 日龄鸡多发。临床表现突然发病，病鸡精神沉郁，腹泻，法氏囊肿大、出血，肾肿大和肌肉出血。由于病鸡免疫应答降低，易继发感染大肠杆菌病、新城疫等疾病。

　　近年来，传染性法氏囊病已不像 20 世纪 80—90 年代那样呈区域性的大面积流行，其特征已由爆发型趋向温和型或小区域散发。

　　对本病的免疫，要把握好 4 个要点，即了解母源抗体水平、确定合理免疫程序、选择合适毒力的疫苗、正确的免疫接种方法。

有的养殖户认为，免疫程序是固定不变的，只要按程序注射疫苗，就能防止该病的发生；也有的养殖户认为，如果上批鸡免疫疫苗后发病了，这批鸡就提前免疫或者加大免疫剂量、增加免疫次数。有的养殖户干脆配上干扰素或针对传染性法氏囊病的抗病毒药物。

在一些肉鸡养殖密集区，无论免不免疫疫苗，传染性法氏囊病都频频发生，使得一些养殖户对疫苗免疫失去了信心，有的索性就放弃法氏囊病疫苗免疫，依赖注射卵黄抗体来应付，以至一个饲养周期一般要打 4~5 次。殊不知，这样做的坏处有三：一是有些低劣的卵黄抗体含有大量杂菌、霉菌或者庆大霉素等抗生素，注入后很容易继发细菌病或霉菌病，加剧肾肿，形成肾衰。再者，使用卵黄抗体在发病初期效果明显，中后期则不理想，同时卵黄抗体注入体内后 5~7 天即消失，需要及时补免或重复注射卵黄抗体，一旦时间差掌握失误，发病的风险依然很大。三是频繁捉鸡会造成对鸡的惊吓和应激反应。

法氏囊病之所以频频发生，使人不知所措，大多是由于免疫不当造成的。若要做好法氏囊病的免疫，应根据当地本病的流行特点、饲养条件与鸡群类型，以及鸡的母源抗体水平来综合考虑。尤为关键的是确定首免日龄。在生产中可参考以下接种方案：

（1）种鸡群，2~3 周龄弱毒疫苗饮水，4~5 周龄中等毒力疫苗饮水，开产前油佐剂灭活疫苗肌内注射。

（2）商品蛋鸡，14~15 日龄弱毒疫苗饮水，24~25 日龄中等毒力疫苗饮水。

（3）商品肉鸡可在 10~14 日龄首免，20~25 日龄二免；若母源抗体较高，可在 18~24 日龄只免疫一次。对于来源复杂或情况不清的雏鸡免疫可适当提前，并进行二次免疫。没有母源抗体或抗体水平偏低的鸡群首免可选用弱毒疫苗，二免时用中等毒力苗。在严重污染区、本病高发区的雏鸡可直接选用中等毒力疫苗。

鸡场一旦发生传染性法氏囊炎，可及时注射高免血清或高免卵黄抗体，每只鸡 1~2 毫升，一般可收到很好的效果。生产中可应用抗病毒药物进行治疗；同时使用广谱抗生素防止继发感染。

15. 如何治疗与预防鸡的病毒性腺胃炎?

鸡病毒性腺胃炎是一种以导致鸡生长不良、消瘦、整齐度差、腺胃肿大如乳白色球，腺胃黏膜溃疡、脱落，肌胃糜烂为主要特征的传染病，我国在 1999 年时称之为腺胃型传染性支气管炎，2007 年世界禽病大会专家就该问题进行了广泛讨论，病原一直没有得到确切的认定，但在所有发生腺胃炎的鸡群中都能分离出病毒，所以暂定名为病毒性腺胃炎。

(1) 流行特点 本病一年四季均可发生，以季节更替时发病率高，我国北方在秋冬季节表现更为明显。发病日龄不定，最早在 3 日龄的雏鸡中就可以发生，16 周龄的种鸡也时有发生。但发病日龄多集中在 10~60 日龄。

全国各地都有该病发生的报道，但该病的发生有比较大的局限性（即发病多集中在一个地理区域）。发病的鸡群大多来源于同一个种鸡场或同一品系的鸡种。

(2) 致病因素

1) 非传染性因素

①日粮原料：如受细菌分解的鱼粉、豆粕、维生素预混料、脂肪、禽肉粉和肉骨粉等含有高水平的生物胺（组胺、尸胺、组氨酸等），这些生物胺对机体有毒害作用。

②饲料条件：饲料营养不平衡，蛋白低、维生素缺乏等都是该病的诱因。

③霉菌毒素：镰孢霉菌产生的 T2 毒素具有腐蚀性，可造成腺胃、肌胃和羽毛上皮黏膜坏死；橘霉素是一种肾毒素，能使肌胃出现裂痕；卵孢毒素也能使肌胃、腺胃相连接的峡部环状面变大、坏死，黏膜被假膜性渗出物覆盖；圆弧酸可造成腺胃、肌胃、肝脏和脾脏损伤，腺胃肿大，黏膜增生、变厚、或有溃疡，肌胃黏膜出现坏死。

2) 传染性因素

①鸡痘：尤其是眼型鸡痘是诱发腺胃炎的重要原因。

②不明原因的眼炎：如传染性支气管炎、传染性喉气管炎、各种

细菌、维生素 A 缺乏或通风不良引起的眼炎，都会导致腺胃炎的发生。

另外，一些垂直传播的病原也可能是该病的诱因，如网状内皮增生症病毒、鸡传染性贫血因子、马立克病病毒等。

（3）临床症状 鸡群在发病之前，一般都生长良好，发病后，病鸡表现为精神不振、缩头、垂翅、排白色稀粪、料便，采食量下降，生长不良，病鸡体重比正常体重下降 40%～75%；最后病鸡因严重衰竭而死亡。耐过的鸡大小、体重参差不齐。

有些鸡群还表现出严重贫血。有些鸡群表现咳嗽、甩鼻等呼吸道症状。

该病病程比较长，一般为 10～15 天，长者可达 35 天，发病后 5～8 天为死亡高峰，发病率可达 7%～28%，死亡率 4%～50%，当有严重继发感染时，死淘率更高。恢复后鸡群生长不良，蛋鸡产蛋无高峰。

（4）剖检变化 解剖可见腺胃肿胀、充血出血；腺胃乳头水肿、基部呈粉红色，周边出血；指压有暗灰色液体流出；后期乳头溃疡、凹陷、消失。肌胃瘪缩，肌肉弛软。肠道黏膜脱落并充满未消化的饲料，后期肠道空虚。胸腺、胰腺及法氏囊严重萎缩，部分病鸡肾肿大，积有尿酸盐。当有细菌病继发感染时，肝脏肿大、有坏死点。

（5）诊断及鉴别诊断 根据本病的临床症状、剖检变化等可做出初步诊断。新发病地区和有混合感染的鸡群很容易误诊，要注意鉴别诊断。

①发病初期：容易误诊为肾型传染性支气管炎，只有通过剖检，才能进行鉴别，肾型传染性支气管炎肾脏肿大苍白，外表呈槟榔花斑状，输尿管变粗，切开有白色尿酸盐结晶。

②发病中期：容易误诊为新城疫或维生素 E、硒缺乏症。新城疫感染时，病鸡有神经症状，除腺胃乳头有出血外，喉头、气管、肠道、泄殖腔及心冠脂肪均可见出血，气囊浑浊，多呈急性、全身性败血症，病死鸡往往不表现生长迟缓等症状而突然死亡。用卵黄抗体治疗有效，经注射新城疫疫苗后，一般可以控制死亡。而腺胃炎主要表现为病鸡生长迟缓、消瘦，病死鸡除腺胃壁水肿增厚外，其他器官病

变少见。而维生素 E、硒缺乏症主要表现为小脑软化、渗出性素质、营养不良、胰腺萎缩纤维化等症状和病变，有的腺胃水肿，肌肉苍白。通过补充亚硒酸钠维生素 E，可以很快治愈，死亡率不高。所以，通过观察临床症状、剖检病变、防疫治疗可以进行鉴别诊断。

③发病后期：腺胃肿大明显，容易误诊为马立克氏病，以及饲料源性霉菌毒素、变质鱼粉等中毒引起的腺胃炎。

腺胃型马立克氏病，主要发生于性成熟前后，病鸡以呆立、厌食、消瘦、死亡为主要特征，鸡群有眼型、皮肤型、神经型的病鸡出现。而腺胃炎发病日龄远远早于马立克氏病的发病日龄，且不见特殊姿势；该病的腺胃肿胀是腺泡的肿胀，而不是肿瘤，由此可与马立克氏病区别。

腺胃型马立克氏病，腺胃肿胀一般超出正常的 2～3 倍，且腺胃乳头周围有出血，乳头排列不规则，内膜隆起，有的排列规则，但可能伴有其他内脏型马立克氏病发生，即除可见腺胃肿胀外，其他内脏器官如肝、肺、肾等也可见肿胀，且有黄豆大、蚕豆大灰白色油质样结节，有的还有灰白色肿块；有的病鸡坐骨神经肿大变粗、横纹消失，通过临床症状和剖检病变可鉴别诊断。

④饲料中毒引起的腺胃肿大，剖检时胃内有黑褐色、腐臭味的内容物，可以通过检查饲料质量进行鉴别。

⑤鸡传染性法氏囊病一般发病为 30 日龄左右，病鸡精神沉郁、缩头、垂翅、排黄白色稀粪，同时伴有肌肉出血，腺胃与肌胃交界处出血，法氏囊肿胀，皱褶水肿、出血，内有浆液性渗出物等表现，但腺胃无变化。用传染性法氏囊病高免卵黄抗体治疗效果明显。患腺胃炎的病鸡也出现精神沉郁、缩头、垂翅、腹泻等症状，但对发病鸡群用传染性法氏囊病高免卵黄抗体注射则无效，反而会促进死亡。

(6) 防治措施　针对主要病原进行相应的免疫接种，可将该病发病率控制在最低。同时要控制日粮中各种霉菌、真菌及其毒素对鸡群造成的各种危害，此外控制日粮中的生物源性氨基酸，包括组胺、组氨酸、尸胺等也是降低鸡腺胃炎发生的有效措施。

应用胸腺肽＋功能激活剂（孢壁酰二肽）＋硫氰酸红霉素＋西咪替丁＋复合 B 族维生素＋恩诺沙星，防治该病有一定效果。

①增加胃肠动力、增加采食量：复合 B 族维生素（尤其是维生素 B_1）可促进胃肠蠕动，增强肝脏的排毒功能，促进消化腺的分泌，从而提高采食量、提高饲料转化率，快速消除料便。

②开胃润肠、提高采食量、促进吸收：应用功能激活剂（孢壁酰二肽）可快速激活胃肠功能，激活腺胃上皮细胞，迅速增强食欲，提高采食量和抗病能力。

③修复腺胃黏膜溃疡灶，恢复分泌功能：西咪替丁能够明显抑制胃酸分泌，具有较强的黏膜修复作用，对于多种原因引起的腺胃溃疡和上消化道出血等有很好的疗效。

④中和胃酸、修复黏膜、促进生长：硫氰酸红霉素能够中和胃酸、促进黏膜修复，从而对腺胃、肌胃的溃疡有很好的治疗作用，同时能直接促进蛋白质合成、促进促生长激素的分泌，从而达到促生长的作用。

⑤抗病毒、提高免疫力：胸腺肽可提升免疫力、解除免疫抑制、治疗免疫缺陷、抗病毒、诱导 T 细胞分化成熟、增强细胞因子的生成和 B 细胞的抗体应答，并能促进大颗粒淋巴细胞产生 IL-2，增强自然杀伤细胞的活性，通过快速提升体液免疫和细胞免疫功能，达到抗病毒的作用。

⑥消炎杀菌、控制继发感染：可采用对细菌、支原体等多种病原微生物引起的胃肠道疾病都有治疗作用的药物。

中药方剂：

方一：白芍 20 克、穿心莲 45 克、黄连 30 克、沉香 30 克、黄芩 45 克、黄柏 40 克、青蒿 25 克、麻黄 30 克、柴胡 50 克、大青叶 45 克、板蓝根 45 克、连翘 30 克、玄参 30 克、甘草 40 克。共为末，加三倍量水煎至等量的 3/4，待凉后，1% 拌料喂服，连用 3 天。

方二：板蓝根 40 克、大青叶 30 克、乌梅 20 克、苦参 30 克、陈皮 80 克、白头翁 35 克、地榆 50 克、穿心莲 40 克、麻黄 30 克、甘草 40 克、柯子 50 克、柏叶 120 克、石膏 65 克、黄连 15 克、石榴皮 50 克。共为末，加三倍量水熬至等量的 3/4，待凉后，2% 拌料喂服，连用 3 天。

西药：

方一：阿莫西林 6 克、西咪替丁 10 克、舒巴坦钠 1 克、金刚烷胺 6 克、扑热息痛 4 克。

方二：丁胺卡那霉素 8 克、黏杆菌素 10 克、新霉素 10 克、乳酸诺氟沙星 8 克、痢菌净 15 克、地塞米松磷酸钠 60 毫克、硫酸钠 30 克、TMP 5 克。

方三：异烟肼 10 克、黄芪多糖 12 克、牛磺酸 8 克、盐酸恩诺沙星 12 克、TMP 2 克、维生素 B_6 4 克、维生素 B_1 3 克、小苏打 0.3 克。

上述西药方剂各兑水 200 千克，供鸡自由饮用。

16. 如何预防鸡痘？

鸡痘是一种高度接触性、病毒性传染病，秋冬季节易流行。在环境潮湿、蚊蝇滋生等条件下，会加速该病的传染。本病主要通过皮肤或黏膜的伤口侵入体内；有时断喙也可引发鸡痘。

(1) 预防 鸡痘预防的最可靠方法是接种疫苗。目前应用的鸡痘疫苗安全有效，适用于幼雏和不同年龄的鸡，临用时将疫苗稀释 50 倍，用洁净的刺种针或钢笔蘸取疫苗，刺种在鸡的翅膀内侧皮下，每只鸡刺一次。可以在幼雏接种鸡新城疫Ⅱ系或Ⅳ系疫苗时，同时刺种鸡痘疫苗。

通常接种后第 4 日接种部位出现痘疹，第 9 日形成痘斑，若没有以上反应，则免疫失败，须重新接种。一般在 25 日龄左右和 80 日龄左右各刺种一次，可取得良好的预防效果。

刺种工作中，要注意以下几点：①接种疫苗前必须检查鸡群的健康状况，只有健康鸡群才会产生好的保护效果；②疫苗要现配现用，并充分摇匀，一次用完；③若同一天免疫所有鸡，用于紧急接种，应从离发病鸡群最远的鸡群开始，直至发病群；④在秋季或夏秋之际购进的雏鸡免疫，应该提前到 15 日龄内，其他季节可以推迟到 30～40 日龄；⑤免疫应该和断喙错开 3 天以上，否则容易诱导发病；⑥免疫工作完成后，要消毒双手并处理疫苗（焚烧或煮沸）残液。

(2) 治疗 大群鸡用大蒜拌料，大蒜与饲料比例为 1：10，每日早晚各一次，连用3～5日，为防继发感染，饲料内应加入0.2%土霉素，配以中药鸡痘散疗效更好。

配方：龙胆草90克、板蓝根60克、升麻50克、野菊花80克、甘草20克、将上述中药加工成粉，每日每只成鸡2克，均匀拌料，分上下午集中喂服，一般连用3～5日即愈。

对于病重鸡，皮肤型可用镊子剥离痘痂，伤口涂抹碘甘油，或碘酊，或紫药水；白喉型可用镊子将黏膜假膜剥离取出，然后再撒上少许"喉症散"，或"六神丸"粉，每日1次，连用3日。

对于痘斑长在眼睑上，造成眼睑粘连、眼睛流泪的鸡可以采用注射治疗的方法给予个别治疗。

17. 什么是鸡球虫病？如何防治？

(1) 鸡球虫病　是一种分布广、危害重的鸡寄生虫病。在饲养管理较差的鸡场，雏鸡发病率和死亡率都很高，死亡率有时可达80%，耐过的鸡生长发育受到严重影响，并成为带虫者。成年鸡感染球虫后，多不发病，但带虫，对鸡的产蛋和增重也有一定影响。本病以15～50日龄的鸡最易感染，气温在20～30℃和雨水较多的季节最为流行。球虫病发病率可达70%左右，死亡率20%～50%不等。

侵害盲肠的球虫病发病日龄较早，侵害小肠的球虫病发病日龄较晚；地面散养的鸡群发病率高于笼养与网养的鸡群。受污染的饲料、饮水、尘埃、垫料、用具、昆虫及饲养管理人员，可机械传播本病；饲料配合不当，如营养不良、维生素A缺乏、维生素K_3缺乏，环境卫生不良，如圈舍潮湿、通风不良、空气质量差、饲养密度大，以及转群应激，防疫接种等因素，有利于球虫卵发育，可加重球虫病的发生或引起暴发。

(2) 病原特征　本病的病原是艾美耳科艾美耳属的多种艾美耳球虫。艾美耳球虫的共同特征是卵囊内含有4个孢子囊，每个孢子囊内又有2个子孢子。目前世界公认的寄生在鸡肠道的9种艾美耳球虫我国都已经发现，其中柔嫩艾美耳球虫和毒害艾美耳球虫的致病性最强，它们分别寄生在鸡的盲肠和小肠。这9种不同的艾美耳球虫，可根据它们卵囊的大小、形状、颜色，以及在外界的孢子化时间、从宿主吞食卵囊到从宿主粪便中排出卵囊所需时间、寄生部位、病变特征等方面加以鉴别。

球虫通常在卵囊阶段排出体外，卵囊呈卵圆形、椭圆形、圆形、瓜子形。卵囊的基本结构包括卵囊壁和原生质团，有的卵囊在稍尖的一端有卵膜孔，有的内膜突出于卵膜孔形成极帽。卵囊在外界适宜的条件下经孢子生殖在其内形成孢子囊，孢子囊内又形成子孢子，孢子化的卵囊具有感染性。

（3）主要症状

①盲肠球虫病：最早发生在 7～8 日龄。病鸡初期排出恶臭粪便，粪便中带有未消化的饲料，随后排出橘黄色粪便或胡萝卜丝样血便，多数粪水分离，冠髯及可视黏膜贫血苍白、精神委顿，缩头闭目，两翅下垂、羽毛松乱，怕冷，聚堆瞌睡，两脚麻痹或痉挛性伸缩、嗉囊充满液体。发病 2～3 天后死亡。

②小肠球虫病：多发于 3～20 周龄的笼养或平养鸡。病鸡表现体温升高，冠脸灰暗，精神萎靡，羽毛松乱，藏头缩颈，呆立或行走无力，嗉囊积水（个别鸡空虚），粪稀薄、量少，或排绿白色稀粪，并混有脱落的肠黏膜。一般在出现症状 2～3 天内死亡，死鸡都较肥胖。病程稍长者，表现发育不良、瘦弱贫血、啄尾根、啄肛、颈扭曲、头向后仰、两下肢向前直伸、瘫腿等。

（4）剖检病变

①盲肠球虫病：盲肠异常粗大，呈紫红色，肠腔内积满血液与血块，黏膜糜烂。全身肌肉贫血，其他脏器均有不同程度的贫血特征。

②小肠球虫病：病变肠管异常粗大，比正常粗 1～4 倍，粗大部分的肠黏膜与肌层组织坏死脱落，仅剩最外面的浆膜层，这类病鸡多数出现自身中毒现象。浆膜可见红色、灰白色小点，红色环状与块状出血现象。病程中后期，肠黏膜水肿肥厚或黏膜糜烂。

（5）防治措施 规范饲养管理、加强消毒是预防鸡球虫病的有效措施。①圈舍、食具、用具用 20％石灰水或 30％的草木灰水或百毒杀消毒液（按说明用量兑水）泼洒或喷洒消毒。保持适宜的温、湿度和饲养密度。②本病流行季节，投喂维生素 A、维生素 K，以增强机体免疫能力，提高抗体水平。③雏鸡可用抗球虫类药物如地克珠利、氨丙林、癸氧喹酯等，按最佳剂量拌料投喂 3～5 天。

防治鸡球虫病的药物种类很多，考虑药物残留和耐药性问题。建议养殖户在用药时根据当地市场的药物品种对症选用，并交替使用。一种药物可连续使用 5～7 天，间隔数天后再换一种药物。若天气干燥、鸡群健康，间隔时间可适当延长。在使用各种抗菌药物防治鸡其他疾病期间，不必再使用抗球虫药物，因为一般抗菌药物对球虫病都有很好的防治作用和效果。

18. 怎样防治鸡肠道病？

（1）预防鸡肠道病应注意以下几方面。

①供给全价优质饲料：全价优质的饲料所含营养成分均衡，容易消化吸收，且能满足畜禽生长、生产需要，而劣质饲料营养不均衡，吸收率差，有的粗纤维含量也会超标。也有的采用一些劣质原料，其大肠杆菌和沙门氏菌的含量超标，从而破坏肠道内环境、损伤肠黏膜引起发病。

②保证水源清洁卫生：养殖场应具备优良的水源，污浊的水源会破坏鸡的肠道内环境，发生细菌性或功能性腹泻。

③合理更换饲料：畜禽不同的生长阶段，需要更换不同的饲料。在此过程中如果不是逐级过渡，而是采取突然换料，会造成鸡的消化道不适，使肠黏膜损伤，出现应激性腹泻。

④做好消毒工作：养殖环境中常常存在多种病源微生物，特别是养了几年的养殖场，消毒工作更为重要，鸡舍地面、鸡笼、水槽、料槽、用具等若不定期消毒，环境不洁，很容易诱发肠道疾病。

⑤控制呼吸道病：鸡的呼吸道是机体防御体系的重要门户，有许多肠道病都是继发于呼吸道病之后，如患鸡新城疫易继发大肠杆菌病。

另外，对鸡群的药物预防一定要有针对性地合理选药，剂量也应严格控制，不可盲目乱用。否则，会造成鸡肠道菌群失调、肠黏膜损伤，引起腹泻。

(2) 鸡群一旦发生肠道病，治疗时应该遵循以下原则。

①消除致病因素，如饲料因素、应激因素等：对饲料原料认真分析，有问题及时更换调整。适时投喂电解多维、鱼肝油和维生素 C 等，以降低转群、断喙、免疫注射等应激反应。采取有效措施，消除寒冷、闷热、刮风等不良天气对畜禽的影响。

②消灭病原体，包括细菌、病毒和寄生虫：可选用喹诺酮类、多黏菌素类、氨基糖苷类等药物。最好通过药敏试验，选择对病原微生物杀灭效果好、对鸡群不良反应小的药物。

③排除内毒素，保护肝肾：以选用清热解毒保肝的中药制剂为好，如黄芪、黄柏、黄芩等中药。

④调节肠道内环境：保护肠道有益菌，维持肠道的正常 pH，抑制厌氧菌的生长，可选用白头翁、地榆炭、穿心莲等中药。

⑤修复受损的肠道黏膜，防止重复感染：可补充维生素 A。维生素 A 能维持黏膜上皮细胞的完整性、修复被损黏膜，从而防止腹泻的复发。

⑥补充电解质和维生素。

治疗肠道病，一定要标本兼治。切不可只为止泻而忽略了对致病因素的消除，或只为抗菌而忽略了对肠道毒素的排除以及对肠黏膜的保护，注重一方而忽视另一方都不会收到好的治疗效果。只有采取积极预防的手段和标本兼治的原则，才能最大的降低肠道病对鸡群的危害。

19. 鸡大肠杆菌病的症状有哪些？如何防治？

鸡大肠杆菌病是由大肠杆菌引起的一种常见病、多发病，可引起多种组织器官的炎症，如大肠杆菌性腹膜炎、输卵管炎、脐炎、滑膜炎、气囊炎、肉芽肿、眼炎等。对养鸡业危害严重。

(1) 流行特点　大肠杆菌在自然环境中分布十分广泛，鸡舍空气、灰尘、垫料、饲料、饮水、鸡体表、孵化场、孵化器及使用用具等都存在有大肠杆菌。

各种年龄的鸡均可感染，病鸡和带菌鸡是主要的传染源，可经种蛋传染给雏鸡，也可经消化道和呼吸道感染。饲养管理不良，卫生状况差，气候突变，断喙、接种、转群等应激因素以及感染其他疾病等都会诱发本病。本病常与鸡支原体病、鸡新城疫鸡、鸡白痢，传染性支气管炎、传染性喉气管炎等疾病混合发生或先后发生。

近年来，集约化养鸡在主要疫病得到基本控制后，大肠杆菌病有明显的上升趋势，已成为危害鸡群的主要细菌性疾病之一。

发病后，雏鸡呈急性败血症经过，火鸡则以亚急性或慢性感染为主。多数情况下，因受各种应激因素和其他疾病的影响，本病感染更为严重。成年产蛋鸡多在开产阶段发生，死淘率增多，严重影响产蛋率。种鸡场发生本病，直接影响到种蛋孵化率、出雏率，造成孵化过程中死胚和毛蛋增多，健雏率低。

本病一年四季均可发生，以多雨、闷热、潮湿季节多发。

(2) 症状及病变 鸡大肠杆菌病的临床症状与鸡只发病日龄、病程长短、受侵害的组织器官及部位，以及有无继发或混合感染有很大关系。

①雏鸡脐炎：俗称"大肚脐"。发生在1～6日龄内雏鸡，病雏精神沉郁，少食或不食，腹部大，脐孔及其周围皮肤发红，水肿，皮下淤血、出血。卵黄吸收不良，卵黄囊充血、出血、卵黄液黏稠或稀薄，呈黄绿色。肠道呈卡他性炎症。肝脏肿大，有时可见散在的淡黄色坏死灶，肝包膜略有增厚。此种病雏多在1周内死亡或淘汰。

②肠炎：病鸡表现为下痢，小肠黏膜充血、出血。除精神、食欲差外，排淡黄色、灰白色或绿色混有血液的稀粪便。卵黄吸收不良，肠道呈卡他性炎症。肝脏肿大，有时可见散在的淡黄色坏死灶，肝包膜略有增厚。死亡无明显高峰。

③气囊炎：经常与鸡支原体病并发，表现呼吸困难、喘气、呼吸啰音、张口伸颈等。胸、腹等气囊壁增厚呈灰黄色，气囊膜上有数量不等的纤维素样渗出物或干酪样物，呈淡黄色或黄白色。

④肝炎、心包炎：腹腔发炎，腹膜粗糙，多见肝脾肿大，肝包膜增厚，呈不透明黄白色，易剥脱。剥脱后肝呈紫褐色；心包炎，心包增厚不透明，心包积有淡黄色液体。

⑤输卵管炎：输卵管黏膜充血，输卵管壁变薄，管腔内积有数量

不等的干酪样物，呈黄白色，切面轮层状，较干燥。有的腹腔内见有外观为灰白色的软壳蛋。产蛋下降，产白皮蛋和软皮蛋。

急性败血型病例呈急性死亡，雏鸡死前外表健康，嗉囊内充满食物。实质器官肿大出血，肝呈铜绿色，肝表面有灰白色坏死灶。

⑥卵黄性腹膜炎：腹腔中见有大量蛋黄液，广泛地布于肠道表面。稍慢死亡的鸡腹腔内有多量纤维素样物粘在肠道和肠系膜上，腹膜发炎，腹膜粗糙，有的可见肠粘连。

⑦肉芽肿：大肠杆菌性肉芽肿较少见到。小肠、盲肠浆膜和肠系膜可见到肉芽肿结节，肠粘连不易分离，肝脏有大小不一、数量不等的坏死灶。

其他如眼炎、滑膜炎、肺炎等在本病发生过程中有时可以见到。

（3）诊断 根据本病流行特点和较典型的病理变化，可以做出初步诊断。正确诊断需要实验室检查。取病死鸡肝、肾等涂片，革兰染色镜检，可见粉红色短小杆菌。

（4）防治 本病的发生与外界各种应激因素有关，预防本病首先是平时加强对鸡群的饲养管理，改善鸡舍的通风条件，认真落实鸡场兽医防疫措施。种鸡场应加强整个孵化过程的卫生消毒管理。搞好常见病、多发疾病的预防工作。

免疫接种方面，由于大肠杆菌有许多血清型，型与型之间不产生交叉免疫。制苗菌株尽可能采用本场发病鸡群分离的菌株，可收到较好效果。

鸡群发病后可用药物进行防治。庆大霉素、氟哌酸、新霉素等都有较好的治疗效果。但大肠杆菌对药物极易产生抗药性，目前抗药性的菌株已经出现，且有增多趋势。因此，有条件的养鸡场及专业户在防治鸡大肠杆菌时，应分离病原，做药敏试验，选择敏感药物。早期投药可有效控制病的发展，促使痊愈。对已造成上述多种病理变化的病鸡治疗效果极差。

近年来国内已试制了大肠杆菌死疫苗，有鸡大肠杆菌多价氢氧化铝苗和多价油佐剂苗，经临床应用取得了较好的防治效果。种鸡在开产前、接种疫苗后，在整个产蛋周期内大肠杆菌病明显减少，种蛋受精率、孵化率、健雏率有所提高，减少了雏鸡阶段本病的发生。

成年鸡注射大肠杆菌油佐剂疫苗后，鸡群有不同程度的注苗反应，如精神不好、喜卧、采食减少等。一般1～2天后逐渐消失，无须进行任何处理。因此，在开产前注射疫苗较为合适，开产后注射疫苗多会影响产蛋。

20. 怎样防治鸡白痢？

鸡白痢是鸡的一种常见传染病，初生幼雏常表现为急性败血症，发病率和死亡率都很高，通常在出壳后2周内死亡。成年鸡多为慢性或隐性感染，一般不表现明显的症状。

（1）流行特点　鸡白痢的病原是鸡白痢沙门氏菌。病鸡的内脏器官中都含有病菌，特别是在肝、肺、卵黄囊、肠和心血中最多。病鸡排泄物中的病菌在适宜温度和湿度下，可以存活100天。病菌对寒冷、干燥和直射阳光的抵抗力不强，一般消毒药都能将其迅速杀灭。成年母鸡感染白痢病后，大多成为慢性或隐性带菌者，是鸡白痢的主要传染源。带菌鸡的卵巢和肠道内含有大量病菌，随排泄物排出体外污染周围环境。

主要的传播途径是垂直传播。病鸡所产蛋带菌率一般达20％～30％，带菌蛋污染了孵化机和雏鸡容器，使刚孵出来的幼雏就被感染。带菌蛋的孵化率降低，即使带菌蛋能够孵化出雏，但出壳后不久即会发病，并把白痢病传染给同群雏鸡。患病公鸡的睾丸和精液中都含有病菌，在配种时可以传染给母鸡和污染受精蛋。

鸡白痢的另一个传染途径是通过消化道。此外，苍蝇和麻雀等也是传播白痢病的媒介。

鸡的饲养管理条件对鸡白痢的发病和流行有着密切的关系。例如，雏群拥挤、育雏室内温度过低、通风不良等，都是诱发白痢病流行的重要因素。

（2）症状及病理变化　鸡白痢的发病随着病菌的毒力强弱、病鸡的年龄及饲养管理条件不同而不同，可以分为败血型、白痢型、慢性型和隐性型4种病型。败血型和白痢型多见于1月龄以内的雏鸡，发病严重，死亡率可达50％～80％。慢性型和隐性型多发生在成年鸡，临诊上不易觉察，只有偶然发生死亡。在孵化机内，被感染的雏鸡以败血型为主，有的幼雏在出壳后不久即死亡，并无明显可见症状。病雏鸡怕冷、身体蜷缩、扎堆、翅膀下垂、精神萎靡、瞌睡。病雏出现白痢，排出白色、糨糊状的稀粪，肛门周围的绒毛粘着白色、石灰样的粪便。多数病雏表现呼吸困难、伸颈张口。于出壳后 10 天左右死亡达到高潮。以后出现的病雏病程长，发生腹泻症状的增多。有的可见关节肿大、跛行。即使能够存活，但生长迟缓。

　　早期死于急性败血型的幼雏，剖检时病变不明显，只见胆囊扩张，肺充血或出血。病程稍长的可见病雏消瘦，胰囊空虚，肝肿大充血，胆囊扩张，脾肿大，质地变脆，盲肠中含有白色干酪样物质，有时还混有血液，腹膜发炎，腹腔内脏器官的表面覆盖纤维素性渗出物。病雏卵黄吸收不良，卵黄囊皱缩，内容物干酪样，呈淡黄色。有的病雏有心包炎变化。在肺、肝、心、盲肠、大肠及肌胃上面常见灰白色的坏死小点或小结节，这种病灶也是鸡白痢的一种具有特征性的病理变化。

　　成年鸡感染白痢病后，一般不表现临床症状，成为隐性带菌者。母鸡产蛋减少，无精蛋和死胚蛋增加。当病菌初次传入或鸡群的饲养管理条件不良时，成年鸡可能出现一些急性或慢性症状。病鸡衰弱，精神委顿，食欲减退，生长不良，进行性消瘦，鸡冠和肉髯苍白、贫血，有时有泻痢症状，排出青棕色的稀粪。母鸡产蛋显著减少，甚至完全停产。

　　剖检时，母鸡的主要病变在卵巢，卵泡变皱缩不整，晦暗无光泽，呈淡青色或铅黑色。卵泡内容物变成油脂样或干酪样，有的周围包裹厚层的包膜，卵泡的质度或很柔软，或很坚实，像煮熟的蛋黄一样。病变卵泡可能脱落下来，有时引起广泛的腹膜炎，腹膜增厚，腹腔器官粘连，成年公鸡的病变多局限在睾丸和输精管，一侧或两侧睾丸肿大或萎缩，常有小坏死灶。病鸡常伴有心包炎，心包液增多和浑浊，心包膜和心外膜发生粘连。肝脏显著肿大，质地脆弱，有时可能破裂，引起内出血而突然死亡。

　　（3）诊断　根据流行病学特点和雏鸡的症状及病理变化，可以做出初步诊断。鉴别诊断上，应注意与雏鸡的曲毒菌病相区别，因为曲霉菌病的肺部病变也是生成一种灰白色的坏死小结节，病雏呼吸困难，而且发病率和死亡率也很高，和鸡白痢有些相似。成年鸡通常不出现明显症状，因此，确诊必须进行病原菌的分离培养和鉴定。

（4）防治 许多药物对鸡白痢有预防和治疗效果。①甲砜霉素，按 0.1%～0.2%浓度饮水，用药 2～3 天死亡减少或停止，可连用5～7 天。②土霉素、四环素和金霉素 0.02%～0.06%混料，可连续使用数周。③百病消，每升水兑 500 毫克连续饮水 3 天。④喹诺酮类药物，如恩诺沙星、环丙沙星等。在应用这类药物时，要严格掌握，注意不能滥用。有条件的地方最好先做药敏试验，选用有效的药物。

防治鸡白痢最重要的工作，就是要检出大鸡群中传播病菌的带菌鸡，积极建立和培育无鸡白痢的健康种鸡群，同时要加强孵化、育雏的消毒卫生工作。具体措施如下：①有计划地在种鸡群中进行鸡白痢的检疫工作。连续做 3 次，每次间隔 1 个月。把阳性反应鸡全部隔离淘汰。以后每隔 3 个月重复检疫 1 次。直到连续两次均不出现阳性反应鸡后，可以改为每隔 6 个月或 1 年检疫 1 次。②孵化用的种蛋必须来自阴性反应的母鸡和公鸡。种蛋孵化前必须消毒。入孵种蛋用 0.1%新洁尔灭溶液或 2%来苏儿对蛋壳进行洗涤，也可每立方米用 14 克高锰酸钾加 28 毫升福尔马林熏蒸 30 分钟。出雏后，将孵化盘和出雏盘冲刷干净，放入 0.2%的过氧乙酸或次氯酸钠溶液中浸泡 12 小时，再用清水冲洗后备用。工作人员的手臂均要用 0.1%新洁尔灭消毒。③加强雏鸡的饲养管理。育雏舍一切育雏用具要经常消毒，保持室内清洁干燥，温度要维持恒定，雏群不能过分拥挤。饲料要配合适当，防止雏鸡发生啄癖。④药物预防，1～3 日龄连续 3 天每升水中配恩诺沙星 50 毫克，供鸡饮用。也有人建议，分别在 1～4、14、28 日龄点眼或饮水免疫时，向疫苗稀释液中加入恩诺沙星，每 100 毫升稀释液中加 50 毫克，可取得较好的效果。

21. 怎样防治鸡霍乱？

禽霍乱又称禽巴氏杆菌病、禽出血性败血病。本病具有较高发病率和死亡率，其病原是多杀性巴氏杆菌，属革兰阴性小杆菌，对一般消毒药物的抵抗力不强，在自然干燥的情况下，2～3天内死亡，60℃10分钟即被杀死。在寒冷的冬季，死鸡体内的病菌能够生存2～4个月，埋在土壤中可以生存5个月之久，在粪便中至少存活1个月。鸡、鸭、鹅等家禽和多种野鸟都能感染。饲养管理不良、营养缺乏、长途运输及气候突变等因素，都能促进本病的发生和流行。鸡霍乱的传染途径主要是经由消化道和呼吸道感染，皮肤创伤也能感染，病鸡的排泄物和分泌物中含有多量病菌，当污染了饲料、饮水、用具和场地等时，而散播疫病。犬、猫、飞禽及人能够机械带菌。此外，有些昆虫如苍蝇、蜱虫和螨虫等，也是传播本病的媒介。

(1) 临床症状 禽霍乱的潜伏期为4～9天。可以分为最急性型、急性型和慢性型3种病型。

①最急性型：见于暴发的最初阶段，突然倒地，扑动翅膀即死亡，有的头天晚上一切正常，翌日早晨即发现死于鸡舍。死前不显现任何症状。随着疫病的发展，陆续出现急性型病例。

②急性型：病鸡表现精神委顿，羽毛松乱，翅膀下垂，不喜活动，嗜睡。体温上升至43～44℃，食欲减少或不食，口渴。呼吸困难，张口呼吸，摇头，从口、鼻中流出混有泡沫的黏液。病鸡泻痢，排出黄色、灰白色或淡绿色稀粪，有时混有血丝或血块。肉髯肿胀，鸡冠、肉髯呈暗红色至紫黑色，最后瘫痪，不能走动，常在1～3天内死亡。

③慢性型：大多出现在疫病流行的后期，也有急性不死而转变成慢性的。病鸡消瘦，贫血，下痢，食欲减退，病变常局限在身体的某部分。有些病鸡一侧或两侧关节肿胀，发热、疼痛、行走困难，跛行或完全不能行走，有些病鸡主要表现呼吸道症状，鼻流黏液，鼻窦肿大，喉部蓄积分泌物，病程常为几周甚至1个月以上。

最急性型的病鸡，死后剖检常看不到明显的病理变化。有时只见心冠沟脂肪有少量出血点。急性型病鸡的腹膜、皮下组织和腹部脂肪常有小点出血，肠道发生急性卡他性肠炎或出血性肠炎；以十二指肠和大肠的病变最显著，黏膜充血、肿胀，并有数量不等的出血点，表面附着多量灰白色黏液。有时肠内容物中含有血液。肝脏肿大，色泽变淡，表面散布数量不等的针尖大小的灰白色坏死点，这是鸡霍乱的一个特征性的病理变化。脾脏一般不见明显变化。心冠状沟脂肪、心外膜有程度不等的出血点或出血斑，特别是在心冠脂肪上出血点最明显。心包腔积有多量淡黄色液体，有时还混有纤维素凝块。肺充血，表面有出血点，有时发生肺炎。

(2) 诊断　根据鸡群的发病情况、临床症状和病理变化可以做出初步诊断。确诊必须进行实验室检查，采取病鸡的心血或肝组织作涂片染色镜检，或是从心血和肝、脾中分离培养病菌。

(3) 防治　鸡群发生鸡霍乱后，必须立即采取有效的防治措施。病死鸡全部烧毁或深埋。对鸡舍、场地和用具彻底消毒。病群中未发病的鸡，全部喂给磺胺类药物或抗生素，以控制发病。

治疗禽霍乱药物很多，必须结合本场以往用药情况，选择有效的抗菌药物。青霉素加链霉素肌内注射，每羽 5 万～10 万国际单位，每天 1～2 次，连用 2 天。并在饲料中加喂复方敌菌净或禽菌净，拌料喂服 3 天；氟苯尼考与丁胺卡那霉素组合配方注射或口服。用针剂时，每千克体重 0.4 毫升肌内注射，1 日 1 次，连用 1～2 次。喂料时，氟苯尼考粉剂，连用 3～5 天；盐酸沙拉沙星饮水，每 100 千克水加 10 克，拌料每 40 千克料加 10 克，连喂 3～5 天；复方阿莫西林可溶性粉每 250 千克水加 50 克，连用 3～5 天。

对本病的预防主要是平时要加强饲养管理，搞好清洁卫生和消毒工作，经常发生本病的地区或鸡场，应定期预防接种。预防禽霍乱的疫苗有灭活菌苗、弱毒活菌苗及荚膜抗原苗 3 类，目前常用禽霍乱组织灭活苗，系用病禽的肝脏组织制成，接种剂量为每只肌内注射 2 毫升。

22. 如何治疗鸡伤寒？

鸡伤寒是由鸡伤寒沙门氏菌引起禽的败血性传染病，呈急性或慢性经过，其他家禽如鸭、鹅、鹌鹑与鸽等也能够感染。以青年鸡和成年鸡发病最多。主要经消化道感染，也可通过感染卵垂直传播，该病多发于冬、春两季。

（1）流行特点 病原体为禽伤寒沙门氏菌。它的形态、培养特性、抵抗力和抗原结构与鸡白痢沙门氏菌极其相似，两者之间具有交叉凝集作用。主要通过生化特性鉴别。一般消毒药和直射日光都能很快将其杀死。

鸡伤寒的传染源主要是带菌鸡，病菌不断从粪便排出，污染土壤、饮水和用具，造成传染。雏鸡感染主要是种蛋带菌，在孵化器和育雏器内相互传染；此外，野禽、动物或苍蝇等及饲料人员都是传播鸡伤寒的重要媒介。

（2）症状及病变 鸡群中先出现少数死鸡，随后发现病鸡，病鸡显现精神萎靡，食欲废绝，不爱活动，羽毛松乱，离群独处，眼半闭，个别鸡把头藏在翅膀下，体温升高至 43～44℃。病初排黄绿色稀粪，急性病程 2～10 天。慢性型的病鸡，能拖延数周之久，死亡率较低，康复后成为带菌鸡。

最急性病例，很少见到眼观病变，急性鸡伤寒特征性的病理变化是肝和脾发生明显肿大、充血、变红。在疾病的亚急性和慢性阶段，肝脾极度种大，呈现绿棕色，或青铜色，肝和心肌散布着灰白色的小坏死点。胆囊扩张，充满浓厚的胆汁。病鸡发生心包炎，母鸡的卵泡发生出血、变形和变色，常由于卵壳破裂而引起腹膜炎。小肠有轻重不等的卡他性肠炎，内容物黏稠，含有多量胆汁。当肺部受到侵害时，即显现呼吸困难症状，死亡率在 10％～50％或更高。

（3）诊断 根据病鸡的发病年龄（一般在 1 个月以上）、病状及病理剖检变化，可做出初步诊断。剖检可见肝和脾脏极度肿大，呈青铜色。

（4）防治措施

①做好日常管理工作。重视环境消毒，制定合理的免疫程序，定期进行抗体水平检测，做好沙门氏菌的净化工作。

②重病鸡及时淘汰处理，轻病鸡隔离治疗，鸡舍及场地要彻底消毒。鸡粪要堆积发酵。

③平时注意药物预防。雏鸡每天每只在饮水中饮服链霉素 0.01克，有较好的效果。

④治疗鸡伤寒可选用磺胺类及抗生素类药物。如磺胺嘧啶或磺胺二甲基嘧啶，按0.5%的浓度拌料，连喂5～10天。还可用土霉素拌料。病情严重用环丙沙星饮服2天，以加强疗效。

23. 如何防治鸡副伤寒?

鸡副伤寒是由沙门氏菌属中除鸡白痢和鸡伤寒沙门氏菌之外的众多血清型沙门氏菌引起的沙门氏菌病的总称。雏鸡多发，成年鸡则为慢性或隐性感染，以下痢、结膜炎、消瘦为特征。各种家禽都能发病，故也称为禽副伤寒。

鸡副伤寒的病原主要是鼠伤寒沙门氏菌，为革兰氏阴性小杆菌。以雏鸡发病最严重。病原主要存在于粪便及被其污染的饲料、饮水和灰尘中，猫、鼠、飞禽、苍蝇是副伤寒沙门氏菌的重要带菌者和传播媒介。鸡副伤寒可经消化道、呼吸道和损伤的皮肤或黏膜感染，垂直传播也是鸡副伤寒的重要传播途径。不良的饲养管理因素可促进本病的发生。

雏鸡在胚胎期和出雏器内感染的，于4～5日龄发病；病雏的排泄物可使同群的鸡感染，多数于10～12日龄发病，死亡高峰在10～21日龄。10日龄以上的雏鸡发病时表现厌食，离群呆立，闭目，垂翅，怕冷，排出水样稀粪，肛门粘结粪便，或有眼结膜炎、鼻窦炎等。成年鸡出现精神不振、食欲减退，轻度腹泻、消瘦、产蛋减少等症状。

鸡副伤寒的病理变化表现为肝脏肿大，常为古铜色，表面有点状或条纹状出血及灰白色坏死灶；胆囊肿胀；脾脏肿大，表面有斑点状坏死；肾脏肿大；肺脏发生灶性坏死；心包炎，心肌炎；其他病理变化还有气囊炎、关节炎、鼻窦炎、肠炎等。成鸡还有卵巢炎、输卵管炎等。

本病的防治主要是加强卫生消毒工作，严防各种动物进入鸡群，防止其粪便污染饲料、饮水等，加强对种蛋、孵化器及育雏器具的清洁消毒。治疗可选用新霉素、氟苯尼考等抗菌药物，并配合多种维生素，口服补液盐水。

24. 怎样防控鸡心包积液—肝炎综合征？

2015 年 6 月以来，我国山东、河南、河北、安徽、辽宁、吉林等部分地区，鸡群发生了不明原因的以心包积液、肝脏肿大为特征的疾病，根据病变，暂将该病称为鸡心包积液—肝炎综合征。该病主要发生于 20～30 日龄的肉鸡，包括 817、肉杂鸡等。同时蛋鸡 20～70 日龄以及 200～300 日龄也有发生，但死亡率低于肉鸡。目前，该病的发病区域不断扩大，给我国养鸡业造成了巨大的经济损失。

目前已证实鸡心包积液—肝炎综合征病原为禽腺病毒 4 型。该病于 1987 年最早发现于巴基斯坦卡拉奇市附件的安卡拉地区，故也称为安卡拉病。

(1) 流行特点　各种品种的鸡群均可感染发病，包括海兰褐蛋鸡、肉鸡、肉种鸡、麻鸡、三黄鸡、乌鸡、817、肉杂鸡等。但以 20～30 日龄的肉鸡多发，自然发病日龄最小的为 7 日龄。发病后 4～8 天为死亡高峰，病程 8～15 天，死亡率达 20％～30％。发病日龄越小，死亡率越高。

本病潜伏期较短，一般为 1～2 天。鸡死亡前采食正常，无明显临床表现而突然倒地死亡。有的病鸡从发病到死亡仅几小时，仅见病鸡精神委顿、蹲伏，羽毛蓬松，冠髯和面部皮肤苍白，排黄绿白色稀便。但大群鸡精神和采食量不减。

鸡群中死亡率突然显著增高常为包含体肝炎的最初表现，3～5 天内可成批死亡，持续 3～5 天（偶至 2～3 周）后逐渐恢复正常。

(2) 病理变化　主要表现为包含体肝炎和呼吸道疾病。剖检可见病鸡心肌柔软、心包积有淡黄色透明的液体，遇冷空气易凝固；肝脏肿胀、充血、边缘钝圆、质地变脆、色泽变黄，并出现坏死。发病鸡肝脏中央静脉和窦状隙广泛瘀血、肝细胞严重脂肪变性，同时细胞质和细胞核内可见嗜碱性包含体。个别死亡鸡可见脾脏肿大。

肺脏瘀血、水肿、外观发黑，部分有气囊炎，肺脏缺氧又可加剧心脏负担，加剧心包积液。肾肿大、苍白或呈暗黄色。肌肉淡白，可视黏膜变浅，肠道变化不明显。

（3）实验室诊断

1）病原分离

该病原目前已证实为禽腺病毒 4 型。将发病鸡肝脏等研磨后接种 9～11 日龄鸡胚，可分离出病毒。该病毒对鸡胚致死率不高，感染胚尿囊液中含有病毒。

2）PCR 检测

取发病鸡肝脏等组织，按照试剂盒说明提取病毒核酸后，PCR 可扩增出特异性条带。发病鸡肝脏、脾脏、肺脏、肾脏均可以检出，但肝脏检出率要更高。

（4）防控措施

1）首先对发病养殖场实行严格的生物安全措施，防止该病向周边地区扩散蔓延。

2）做好禽流感、新城疫等疫苗免疫，减少临床发病率与死亡率。从临床病料 PCR 检测结果来看，禽腺病毒感染后往往会继发禽流感等，加速鸡只死亡。

3）做好种鸡群病原检测，防止该病毒经垂直传播途径感染子代。

4）有条件的鸡场可采用自家组织灭活苗以及卵黄抗体预防治疗。

5）大群采用中西药综合治疗，抗病毒、增强免疫力，发病鸡同时可用保肝护肾、利水消肿、防止继发感染的药物。

6）强心利尿：由于本病出现较多的心包积液，导致心脏和血液循环障碍，血液中的水分向组织间液渗出，出现肝水肿、心包积液等症状。因此，应使用强心药物来维持心脏功能，使用高效利尿药来消除组织间的积液，达到缓解心包积液及减轻肝、肾水肿的目的。如用牛磺酸、樟脑磺酸钠、安钠咖来强心，使用呋塞米等利尿药以缓解心包积液、肝肾水肿，并辅助 ATP、肌苷、辅酶 A 等补充能量。

7）加强饲养管理，增强机体抵抗力，合理通风换气，降低养殖密度，减轻心肺负担。

25. 怎么治疗肉鸡气囊炎？

气囊炎是近年来在肉鸡养殖中非常棘手的病。其实气囊炎不是一个独立的疾病，而是多个疾病在临床上表现的症状。鸡群一旦发生气囊炎，治疗起来相当困难。因为气囊上的血管很少，药物很难达到病变部位。

（1）临床症状 鸡群在发生气囊炎前一般有很长一段时间的呼吸道病。主要表现为咳嗽、甩鼻，鸡群安静时表现不严重，但当轰赶鸡群时则咳嗽声、甩鼻声不断，此起彼伏，甚至连成一片。病鸡张口伸颈、呼吸困难，个别鸡红眼圈、流泪、流鼻涕等。

（2）病理剖解 气囊炎早期在腹气囊有黄色黏脓样物质或黄色干酪样物，或有白色带黏性泡沫样物（这是支原体混合感染所致），到中后期可见到胸气囊增厚，在气囊和胸腔壁之间有黄色干酪样物。心肌出血、皮下脂肪可见有散在的出血点、胰腺出血坏死、胸腺有针点状出血，整个气管严重出血（俗称红气管）。

（3）病因分析 气囊炎是由支原体、衣原体、大肠杆菌、禽流感混合感染所致。而在整个发病过程中禽流感是罪魁祸首。所以，流感是引发气囊炎的关键性因素。临床上治疗气囊炎时，首先不能忽视对流感等病毒病治疗。

（4）治疗 可选用泰妙菌素、红霉素、替米考星等；中药以宣肺平喘、清湿热为主，可用银翘散等。

26. 如何防治肉鸡支气管栓塞？

近年来，在肉鸡及部分蛋鸡养殖中，常常发生支气管栓塞的病例，多发生在秋冬、冬春季节，在普通鸡舍和标准化鸡舍均有发生。多在 7 日龄疫苗免疫之后，也有个别鸡群在 2～3 日龄发病，日死亡率为 0.5％～1％，病程持续 10～15 天，甚至更长。以白羽肉鸡和817 肉杂鸡多发。高发病率和死淘率给养殖户造成了巨大的经济损失。本病以伸颈气喘，怪叫，支气管、细支气管被黄色树枝状物堵塞，肺充血、水肿、呈黑紫色，全身性败血症为主要特征。

（1）发病因素 鸡支气管栓塞并不是一个独立的疾病，而是全身性感染的一个症状。支气管栓塞病因复杂：病毒、细菌、支原体的感染以及饲养管理不到位等都可导致鸡支气管栓塞。

①应激因素：一种是接种疫苗时产生的疫苗应激反应。一般多发生在首免或二免后，鸡群容易出现咳嗽、甩鼻或呼噜的症状，如不及时治疗，很快引发气囊炎，气囊炎发展进一步造成支气管栓塞。而另一种是冷热应激。如春、夏、秋、冬季节交替时，昼夜温差普遍超过15℃，温差过大、鸡舍温度突然降低，或者鸡舍内温度不匀，有温差或温度死角，扩群没提前预温等均可引发该病。也有因春季风大，鸡舍贼风侵袭，直吹鸡体导致该病发生。

②鸡舍环境控制不当：鸡舍和鸡场的环境卫生差，鸡舍内病原菌种类及数量多，易引发该病。还有的鸡群由于饲养密度过大，通风差，鸡舍内有害气体浓度过高，损害鸡的呼吸道黏膜，导致鸡群发生呼吸道病，进而发生支气管栓塞。还有因气候环境干燥，舍内湿度低，舍内空气中漂浮物多，刺激鸡呼吸道黏膜导致发病。

冬季北方天气干燥，鸡舍内通常没有加湿设备，或者加湿设备没有利用，舍内湿度只有 35%～50%（正常肉鸡饲养前期湿度为60%～70%，3 天后保持在 60%）；冬季鸡舍暖风炉供暖、风机向外排风换气，送入鸡舍内的空气为干热风，舍内干燥的空气造成肉鸡气管支气管在呼吸过程中大量水分丧失，气管壁绒毛枯萎脱落，裸露的气管壁为病原感染提供了机会。

③病原微生物因素：如禽流感 H9 型或 H7 型与其他细菌性疾病混合感染，大肠杆菌病与支原体病或衣原体病的混合感染均可引起该病。

机体患免疫抑制性疾病，如传染性法氏囊病、呼肠孤病毒病、马立克病、传染性贫血等都能引起家禽免疫抑制，导致免疫力低下而发生该病。

此外，霉菌性肺炎，空气、水、饲料中的真菌孢子，都会导致鸡群感染发病。

(2) 临床症状 鸡群突然发病，传播快，1～2 天可迅速波及全群，死亡率高。发病初期表现轻微的呼吸道症状，病鸡噬鼻、喷嚏、流清鼻液，眼睑变长，眼圈内有泡沫，3 天后呼噜、咳嗽，发病 5～7天后出现喘气（腹式呼吸）、张口、伸颈、"响响"怪叫。貌似健康鸡常突然尖叫，仰卧（腹部朝上）死亡。鸡群采食量快速下降，病重鸡羽毛蓬乱、缩头闭眼，个别鸡排黄绿色稀便，最后出现支气管栓塞，窒息而死亡。死亡鸡多为中上等体况且大部分腹部朝上、两腿蜷曲。

(3) 病理变化 病鸡鼻腔黏膜潮红，鼻腔内有黏液，支气管、细支气管充血、出血，内有黏液。剪开气管或支气管后可见栓塞物，严重的延伸到肺内形成树枝状的堵塞，气囊混浊，胸气囊、腹气囊有黄白色泡沫样分泌物。重者心脏表面有黄白色纤维素样分泌物，包心包肝，肺脏瘀血、水肿明显，肺内细支气管有黄白色纤维素样分泌物，形成肺内支气管栓塞。病程稍长者有心包炎、肝周炎、气囊炎等全身败血症。腺胃乳头糜烂，肌胃萎缩，肌胃壁溃疡。肾脏充血、肿胀，严重者肾有明显的针尖大小的出血点，肾小管和输尿管尿酸盐沉积形成花斑肾。病的后期肠道淋巴滤泡肿胀、出血。

本病典型病变是在气管、支气管内形成黄白色的栓塞物，严重的延伸到肺内细支气管，这也是造成鸡高死亡率的主要原因。

(4) 预防措施 本病没有确切有效的治疗方法，多采取综合防控措施。改善饲养管理条件，提高鸡舍内的温湿度，强化通风换气，降低饲养密度，科学免疫接种，及时药物预防。

①加强饲养管理，搞好环境卫生。及时清粪，定期消毒，使舍内干净、清洁。保持鸡舍恒定适宜的温度、湿度，肉鸡饲养前期相对湿度要达到60%～70%，保温的同时注意通风换气（不要冷风直接吹到鸡体）。冬春季通风原则是要保证最小通风量，并且通风时要掌握鸡舍温度的变化，防止贼风侵袭，合理设定负压。调节合理的饲养密度，平衡营养，减少应激，提高抵抗力，尽量减少发病诱因。

②制定科学合理的免疫程序，建议雏鸡7日龄时免疫接种传染性支气管炎疫苗。对于禽流感H9型的疫苗免疫，建议根据抗体监测结果，决定是否需要注射该疫苗。在接种疫苗前后3天，饮水中添加多种维生素和鱼肝油。14日龄免疫法氏囊病疫苗后，及时投服黄芪多糖、双黄连，以提高机体抵抗力、免疫力；21日龄新城疫Ⅳ系的防疫可根据鸡场的实际情况，灵活掌握。

③药物保健程序中要注重支原体病的预防和治疗，同时消除免疫抑制性疾病。

饲料中添加山楂、麦芽、六神曲、槟榔、橙皮、苍术等调理脾胃，提高饲料消化率，增强鸡群抗病力。饮水中添加黄芪多糖等抗病毒中药及左旋氧氟沙星等抗生素，有助于减轻气囊炎和大肠杆菌病所造成的危害。

（5）治疗措施　本着早发现、早治疗的原则，早期控制炎症渗出，中期促进干酪物溶解吸收，后期扩张支气管，溶解栓塞物。疾病前期可选择喷雾给药，使药物直接到达肺、气囊、气管及其深部而发挥作用；后期死亡高峰期以治标为主，可选择甘草颗粒等药物扩张肺支气管、细支气管，达到疏通呼吸的目的。

①治疗本病时应选用无毒副作用、无抗药性的中西药联合应用。西药解表，中药清热解毒、促进免疫，只有充分发挥药物的作用、消除病原微生物、化解气管支气管栓塞、辅助肺脏修复，并注意保肝护肾，才能有效控制死亡。

②在治疗该病的过程中，日死亡数会逐渐减少，大群鸡精神状态、采食量会好转，此时还应继续并坚持用药1～2个疗程，以彻底治愈。

③治疗本病重点有二，其一是导致鸡死亡的原因是支气管栓塞，必须要使用肺部血液浓度高的药物。其二该病的主要病原是禽流感病毒，而流感可以导致机体的免疫功能下降，引起继发感染，如继发传染性支气管炎、冠状病毒病、大肠杆菌病等，所以，最好中西药结合治疗。

如果感染肾型传染性支气管炎，要选用中药保肝护肾产品；在饮水中添加电解质（含柠檬酸盐或碳酸氢盐成分），可以降低肾炎造成的损失。

饮用抗病毒中药提取物，如双黄连口服液、清温败毒口服液（主要成分为黄芩、白头翁、虎杖等提取物），在缓解呼吸道症状的同时控制传染性支气管炎、新城疫等的危害。

辅助使用雾化治疗手段，在温水中添加黏痰溶解药物，如乙酰半胱氨酸、溴己新、去氧核糖核酸酶、高渗碳酸氢钠溶液，激活蛋白水解酶，使痰液中的酸性黏多糖和脱氧核糖核酸等黏性成分分解，使痰液容易咳出，减少窒息死亡。

27. 怎么治疗肉鸡腹水综合征?

腹水综合征是肉鸡最易发生的一种代谢性疾病。

(1) 病因 引起肉鸡腹水症的因素包括以下几个方面。①饲料因素:饲料中缺乏维生素和矿物质,特别是缺乏维生素 E 和硒,饲料中食盐含量过高;饲料中黄曲霉超标及喂氧化变质的油脂等,均可损害肝脏功能,使血管通透性增强,引起腹水。②环境因素:鸡舍潮湿、或通风换气不良,舍内二氧化碳和氨气浓度过高,空气污浊、粉尘污染严重而致氧气不足引起腹水。③疾病因素:鸡群因患呼吸系统疾病造成机体缺氧,或一些损害肝脏的疾病如大肠杆菌病、白痢、霍乱等都可以引起腹水症的发生。此外,气候变化、用药或饲喂方法不当等也可诱发本病。

(2) 症状及病理变化 病鸡精神委顿,羽毛蓬松,食欲不振,呼吸困难,冠髯发绀,常以腹部着地,似企鹅状,站立困难,不愿行走,腹部羽毛稀疏或无毛,当防疫注射等鸡受刺激时,往往突然扑腾几下倒地而死。急性死亡鸡外观营养状况良好,体重较大,病死鸡腹部膨大,触之有波动感,有时可见腹部皮肤呈青紫色,剖开腹腔,内有大量淡黄色清亮透明的液体,有时混有纤维素性凝块。当细菌感染时,腹腔内还有大量胶冻样胶原蛋白渗出物,心脏大而松软,右心极度扩张,心包积有胶冻样液体,发病早期肝肿大变硬、质脆,后期萎缩,肝表面常覆盖一层灰白色类似纤维蛋白凝块的胶冻样薄膜;脾脏萎缩,肠道充血;肺部瘀血和水肿;肾肿大瘀血。

(3) 防治措施

①环境控制:包括鸡舍建筑的周围环境及鸡舍内的环境控制。a. 鸡场或鸡舍建筑时要科学、规范,符合肉鸡的生理要求。选址要求在地势高燥,背风向阳,无空气污染、无噪声的地方。水源要充足无污染。b. 鸡舍建筑结构合理,保温通风良好,采光面积大。用旧房改造时,在不影响建筑结构的情况下,要多开几个窗户,以利通风和采光。c. 冬春气温低,必须准备好加温设备。经济实用的方法是生地炕或叫地垄式的炉火。炉火的开口和烟囱都在鸡舍外面,这样不

与鸡争氧气，也不会污染室内空气。d. 鸡舍周围环境每天要打扫干净，每周消毒 1 次。勤换鸡舍内垫料，保持垫料干燥卫生，网上养殖及时清粪，带鸡消毒，3 天 1 次。可选择两种不同消毒剂交替使用，以防止产生耐药性。如甲酚皂、百毒杀、三氯乙酸等。

②选择优良健康的雏鸡：优质雏鸡具有良好的抗病能力。10 日龄前后的雏鸡发生腹水症。解剖病变几乎都有卵黄坏死吸收不良的现象，这与雏鸡在孵化阶段或种蛋感染有关。建议养殖者要到正规化、规模化的种鸡场或孵化场购买雏鸡，并签订购销合同，要求场方出示雏鸡检疫合格证，购雏时要认真挑选，以减少不必要的损失。

③加强饲养管理：在 7 日龄以内以保温为主，适当通风。随着鸡龄的增长，需氧量越来越大，在温度不发生急剧变化的前提下，逐步增加通风量。肉鸡腹水症的发生与空气质量关系最为密切，鸡舍内空气越新鲜，腹水发病率越低。此外，应做好光照与采食量的控制。肉鸡生长要求用普通白炽灯泡照明，育雏用 40～60 瓦，中期 25 瓦，后期 15 瓦。可以适当增加几个蓝色灯泡，节能灯不太适用，并尽可能采用自然光。7 日龄以内一般不控制光照和采食，可防止或减少腹水症的发生。具体做法是白天自然光照，根据日龄和鸡数计算出 1 天的采食量，分 2～3 次加料，每次吃完后停 2 小时再加料。晚上用一台光控制器，按照所需的光照与黑暗时间进行调整。如开 1 小时，关 3 小时等。控光的同时也控制了采食。后期育肥阶段不加控制。

④建立科学的免疫程序：实施正确的免疫方法。大型肉鸡常采用 4 次或 5 次免疫法，从 7 日龄开始，每 7 天免疫 1 次。经实践检验，前 3 次免疫逐只滴眼、滴鼻或注射，比饮水效果要好。每只鸡得到的抗原数量基本相等，免疫整齐度好。21 日龄时鸡个体较大，防疫在晚上进行，用 10 瓦蓝灯照明，一人保定鸡，一人防疫。饮水免疫时一定要加疫苗保护剂。建议用 3～4 倍量疫苗分上、下午 2 次饮用，每次各饮一半。饮前断水时间要够。

⑤预防性用药：a. 藿香正气水 10 毫升，4 支加复方阿司匹林片 4 片，加庆大霉素 30 万单位（或卡那霉素 200 万单位）加水 1 千克，视鸡大小每壶加这种药水 1～3 千克，每天 1 次，隔 3～5 天再饮 1 次。b. 麻黄 30 克、桂枝 15 克、黄芩 30 克、黄柏 30 克、板蓝根 30

克、猪苓 15 克、茯苓 15 克、泽泻 15 克、生姜皮 30 克、大腹皮 30 克，水煎 3 次滤渣后供 50 千克体重鸡 1 天饮用，连用 3 天。c. 腹水消、禽菌灵按治疗量拌料，连用 2～3 天。d. 在每吨饲料中添加 500 克的维生素 C 能有效地改善血液循环，降低本病的发生。亚硒酸钠对此病防治也有一定作用。

⑥治疗：a. 用碘酊消毒病鸡腹后下部，用注射器抽出腹水。限食不限水，水中加多种维生素、抗生素。b. 三磷酸腺苷针 1 支、肌苷针 1 支、速尿针 1 支混合胸肌注射 3～5 只鸡，每天 2 次，连用 2～3 天。c. 双氢克尿噻片 1 片、感冒清片 2 片、三黄片 2 片，经口服，每天 1～2 次，连用 2～3 天。对体重小、没有商品价值的病鸡可及早淘汰。

28. 如何预防肉鸡猝死症？

肉鸡猝死症又称暴死症、急性死亡综合征，是肉鸡的一种常见病，临床上以肌肉丰满、外观健壮的肉仔鸡突然死亡为特征。多于 2～4 周龄发生，公鸡较母鸡易发生。

(1) 发病原因 本病与许多饲养管理因素有关，如饲料营养、光照、防疫、饲养密度、应激反应等。①生理上，肉仔鸡生长速度快，而自身的一些功能如心血管功能、呼吸功能、消化功能等尚未发育完善。②饲料中蛋白质、脂肪含量过高，维生素与矿物质配比不当。③青年鸡采食量大，超量摄入营养，造成营养过剩，需氧量增加，使心、肺脏负担加重。上述原因造成肉鸡快速生长与系统功能不完善的矛盾，而发生猝死现象。

(2) 临床表现 发病前无任何先兆症状，任何应激和惊扰都可引起，大部分鸡在喂料时死亡。鸡突然发病失去平衡，翅膀剧烈扇动，以及强直性肌肉痉挛，两脚朝天，背部着地，脖颈扭曲，几十秒内死亡。剖检见心脏扩张，增大数倍，伴有心包积液，肺充血、水肿，气管内有泡沫状渗出物。

(3) 防治措施 对本病的预防，要改善饲养环境，保持鸡舍清洁卫生，注意通风换气，注意养殖密度，保持鸡群安静，尽量减少噪声及应激，实施光照强度低的渐增光照程序。科学调配日粮，注意各种营养成分平衡，生长前期给予充足的生物素、核黄素、维生素 A、维生素 D、维生素 E 等。使用以玉米和植物油为能量源的平衡日粮，限制饲养，降低肉鸡的生长速度。

对本病的治疗可采用以下两种方法。①用碳酸氢钾饮水或拌料，能降低发病鸡群的死亡率。饮水：每羽 0.6 克，连用 3 天；拌料：每吨饲料添加 3.6 千克。②添加多种维生素，饲料添加量为常量的 1～2 倍，可明显减少死亡率。

29. 如何防治产蛋鸡猝死症？

产蛋鸡猝死症也称产蛋鸡疲劳综合征或新开产母鸡病，是近年来集约化蛋鸡生产中最突出的条件病。当鸡群产蛋率超过 20％时陆续爆发，该病一年四季均能发生，夏季尤为严重，故又称夏季病。发病鸡大多是进笼不久的新开产母鸡或高产鸡。病的主要特征为笼养产蛋鸡夜间突然死亡或瘫痪。

(1) 发病原因

①夏季高温缺氧，血氧太低，室内外温差太小，通风不良是本病发生的主要原因。

②呼吸性碱中毒。

③血液黏稠度增高。鸡舍夜间关灯后通风换气不足，舍温升高，鸡群要继续排尿散热，血液水分迅速减少而黏稠，导致鸡心力衰竭而死亡。

④营养不足。主要是饲料配方不合理，维生素、矿物质不平衡，采食量减少所致。

⑤热应激造成体温升高。由于新母鸡羽毛丰厚，晚间活动量减少，热量不易散出，凌晨 1～2 点为死亡高峰。午后 2～3 点，室外气温高，没有及时通风换气，也会导致鸡死亡。

(2) 临床表现

①急性发病鸡往往突然死亡，开产鸡产蛋率在 20％～60％时死亡最多。在表现健康、产蛋较好的鸡群白天挑不出病鸡，但第二天早

晨可见到死亡的蛋鸡，越高产的鸡死亡率越高。死亡率可达 1%～3%。死鸡冠尖发紫、肛门外翻，蛋壳强度没什么变化，蛋破损率不高。

②慢性病鸡则表现为瘫痪，不能站立，以跗关节蹲坐，如从笼内取出瘫痪鸡单独饲养，1～3 天后可看到有的病鸡明显好转或康复。

(3) 病理变化

①病鸡剖检主要表现为卵泡充血，肝脏肿大、瘀血、有出血斑，肺瘀血，心脏扩张，输卵管充血、水肿，输卵管内往往有硬蛋壳存在。死亡的鸡体况良好。

②腺胃溃疡，腺胃壁变薄或穿孔，腺胃乳头流出褐色液体。

③肠道出血，肠黏膜脱落，内容物呈灰白色或黑褐色，故往往被误认为大肠杆菌病、新城疫和禽流感等病。

(4) 治疗方案

①搞好通风换气和防暑降温，午夜和午后设定合理的通风时间和次数，保证鸡舍内氧气充足，保证恒定的温度、湿度，夏季可在夜间12 点开灯 15～30 分钟让鸡只喝些清水。

②设计合理的饲料配方，添加油脂，提高能量水平，保证矿物质、维生素平衡。

③用中西药如阿莫西林或白头翁口服液等防止继发感染或腹泻，口服补液盐加电解多维饮水。

30. 鸡病毒性关节炎有何特点？如何防治？

病毒性关节炎是一种由呼肠孤病毒引起的肉鸡的重要传染病。病毒主要侵害关节滑膜、腱鞘和心肌，引起足部关节肿胀，腱鞘发炎，继而使腓肠腱断裂。病鸡关节肿胀、发炎，行动不便，不愿走动或跛行，采食困难，生长停滞。

(1) 临床症状 肉鸡食欲减退、跛行、贫血、消瘦，胫关节、趾关节及连接的肌腱肿胀。后期出现单侧或两侧性腓肠肌腱断裂，足关节扭转弯曲。严重时瘫痪。

(2) 剖检变化 病肉鸡趾屈腱及伸腱发生水肿性肿胀，腓肠肌腱出血、坏死或断裂。跗关节肿胀、充血或有点状出血，关节腔内有大量淡黄色半透明渗出物。慢性病例腓肠肌腱明显增厚和硬化，并出现结节状增生、关节硬固变形，表面皮肤呈褐色。腱鞘发炎，水肿。有时可见心外膜炎，肝、脾和心肌上有小的坏死灶。

(3) 防治措施 加强饲养管理，注意肉鸡舍及环境卫生，引种要从无病毒性关节炎的肉鸡场引种。坚持执行严格的检疫制度，淘汰病肉鸡。

易感肉鸡群可采用疫苗接种，12周龄前采用禽呼肠孤病毒疫苗进行基础免疫，然后于16～20周龄用灭活疫苗加强免疫，免疫种肉鸡的后代雏肉鸡可获得高水平的母源抗体，能够抵抗病毒性关节炎的早期感染，本病目前尚无有效治疗方法。

31. 鸡葡萄球菌性关节炎有何特点？如何防治？

葡萄球菌性关节炎是一种条件性疾病，呈慢性经过。对肉鸡育成期的影响极大，可导致巨大的经济损失。葡萄球菌广泛存在于自然界，是体表及黏膜的常在菌，常通过溃烂的皮肤和黏膜侵入机体而发病，有时也可通过呼吸道感染。其特点是在一个鸡场反复发病，且治疗效果不佳。只能从加强饲养管理的各个环节入手，采取有效的兽医卫生防疫措施，减少应激，尽量减少葡萄球菌的感染机会，才能从根本上控制和减少本病的发生。

(1) 临床症状 病鸡一侧或两侧腿关节上方肿大，为正常的1～2倍。肿胀部位羽毛容易脱落，拔去羽毛，可见皮肤颜色灰暗，失去光泽，有陈旧伤痕，皮肤表面有一个个灰色的小突起。鸡体温度升高，个别鸡出现趾瘤、脚垫、关节畸形、跛行、蹲伏、行走不便、难于接近料槽、饮水器，并逐渐消瘦衰竭。

(2) 诊断及防治 葡萄球菌病鸡主要表现以腿部肿胀为特征的慢性经过，鸡群发病率高，死亡率低。经细菌分离培养可确诊。由于血液中的抗菌药物很难达到关节的病变部位，且葡萄球菌极易对抗菌药物产生抗药性，所以治疗比较困难，只有在发病初期用高敏药物才可获得一定疗效。

32. 什么是鸡白血病？如何防治？

鸡白血病是由禽白血病肉瘤病毒群中的病毒引起的成年鸡的一种慢性淋巴样肿瘤性传染病。本病有多种病型，如淋巴白血病、成红细胞白血病、成髓细胞白血病、骨髓细胞瘤、肾母细胞瘤、骨石化病、血管瘤等，其中以淋巴白血病较常见。淋巴白血病多发于性成熟期的鸡，特征是在肝、脾、肾、法氏囊等器官中有大小不等的肿瘤。本病主要是经蛋传递，也可水平传播。

（1）流行特点 鸡白血病的病毒包括淋巴性白细胞增生病病毒、成红细胞增生病病毒、成髓细胞增生病病毒等。本病只发生于鸡，不同日龄、品种、性别的鸡发病情况存在较大差异。病鸡和带毒鸡是本病的传染源，可以通过唾液和粪便向外排毒。在自然条件下，垂直传播是本病主要的传播方式，也可水平传播，饲料中维生素缺乏、内分泌失调、球虫感染等因素可促进本病的发生。

（2）临床症状 淋巴细胞性白血病早期无明显症状，多在14周龄以上开始发病，患病鸡精神沉郁，少食，进行性消瘦，贫血，冠髯苍白、萎缩、偶见发绀。颈部、翅及背侧等处皮肤常有出血点。腹部膨大，产蛋停止，行走时呈企鹅状，最后多因衰竭而死亡。

（3）病理变化 病鸡最明显的剖检变化是肝脏、脾脏显著肿大，肿大的肝脏可占据整个腹腔，在肝脏、脾脏中有大小不等灰白色肿瘤结节，有时看不到肿瘤节，而是肝、脾等器官弥漫性肿大，色泽变淡，呈灰白色，俗称"大肝病"。其他器官如肾脏、卵巢、法氏囊、心、肺、胸腺、胰腺、肠道等也可发生肿瘤。

（4）诊断 根据鸡群的流行病学，临床症状和病理变化可做出诊断。鉴别诊断：易与内脏型马立克氏病混淆，应注意区分。

（5）防治措施 目前本病既无药物治疗，也无疫苗预防，建议采用以下预防措施。①对产蛋种鸡群严格检疫，坚决淘汰阳性鸡，以切断经蛋传播。②孵化用的种蛋应来自无白血病的健康鸡场，孵化和育雏设施在使用前要进行彻底的清扫和消毒。③不从有白血病的鸡群引进鸡。雏鸡易感染此病，应严格与成年鸡隔离饲养。

坚持经常性的兽医卫生措施。

33. 什么是鸡痛风病？如何防治？

鸡痛风是家禽易发的一种代谢性疾病，以尿酸血症为特征。常见于幼龄的肉仔鸡和笼养产蛋鸡，给养鸡业造成了不同程度的损失。

（1）发病原因 病的发生与下列因素有关：①营养比例失调。当饲料中蛋白质和核蛋白的含量过高时，血液尿酸浓度急剧增高，并以尿酸盐（主要为尿酸钠）的形式在关节、内脏的表面及皮下结缔组织沉积，引起一系列病理变化。尤其当饲料中钙磷比例失调、维生素A、维生素D缺乏时，本病更易发生。②鸡肾功能障碍。当饲喂磺胺类药物过多及其他因素引起的肾功能障碍，使尿酸的排泄受阻而引起痛风发生。

（2）临床表现 本病呈慢性经过，无季节性，多为群发。病鸡表现精神萎靡，少食，逐渐消瘦，羽毛松乱，贫血，冠苍白，周期性体温升高，心跳增速，从肛门排出白色半黏液状稀粪，粪中含有多量的尿酸盐。母鸡产蛋量下降，甚至完全停产。个别鸡呼吸困难，甚至出现痉挛等神经症状，最终衰竭死亡。关节痛风的特征是脚趾和腿部关节肿胀，运动迟缓，跛行，站立困难。

（3）剖检变化 剖检时，可见肾脏明显肿大，颜色变淡，表面有尿酸盐沉积所形成的白色结晶。病情严重者，在肝、心、脾及肠系膜等内脏器官的表面常覆盖着石灰样的尿酸盐沉淀物，多者可以形成一层白色的薄膜。关节痛风剖检时，可见关节表面和关节周围组织有白色尿酸盐沉着，有些关节表面发生糜烂。将沉淀物刮下放在显微镜下观察，可以看到许多针状的尿酸钠结晶。

（4）防治措施 对本病的防治，要做到以下几点。①给予全价饲料，防止营养失调。农户自配饲料必须按鸡的不同品种、不同发育阶段、不同季节的要求设计配方，配制营养合理的饲料。防止盲目添加鱼粉等动物性蛋白饲料，尤其在冬季应注意适量添加维生素A、维生素D。②防治鸡病时，可使用磺胺类药物，时间不宜过长，并严格掌握剂量，防止过量。应保持全天候充足饮水，以免磺胺类药物对肾脏造成损害。③鸡舍过分拥挤，缺乏运动和光照不足，禽舍潮湿、阴冷，以及球虫病、鸡白痢、鸡新城疫等会促使本病的发生。因此控制饲养环境，加强饲养管理，平时做好疫病的综合防治工作，能减少本病的发生。

34. 如何防治肉鸡肾肿？

肾脏肿大（肾肿）是肉鸡常见的一种疾病表现。

(1) 肾肿发生的原因 饲料中蛋白过高，钙磷比例不当，维生素A缺乏，饲料污染，饮水不足，低温、高温、低湿，碱性饲粮，饲料中含变质油脂或黄曲霉毒素，寒冷刺激等各种因素都可诱发肾肿。许多传染性疾病如禽流感、传染性支气管炎病毒的肾毒株、传染性法氏囊病病毒、肾炎病毒、败血性支原体、弧菌、沙门氏菌、球虫等均能损害肾脏，引起肾功能不全及尿酸盐排泄障碍。此外，某些药物如磺胺类药物、庆大霉素、卡那霉素等在体内通过肾脏进行排泄，对肾脏有潜在的毒害作用，若长时间、大剂量使用，会造成肾脏损伤。

(2) 临床症状与病理变化 发生肾肿的肉鸡多表现为精神萎靡，羽毛松乱，食欲不振，营养不良，贫血，生长缓慢，排白色稀粪，严重的呈花斑肾。慢性的顽固性腹泻，因排白色稀便而发育不良或生长缓慢，病鸡常因肾功能衰竭而急性死亡。

肉鸡患肾型传染性支气管炎后病程长，呼吸道症状消失后，较长时期内表现为肾功能障碍，如处理不当，其死亡率较高。未死亡的鸡只生长发育不良，生产力严重下降，常继发大肠杆菌病、沙门氏菌病、慢性呼吸道疾病。

传染性法氏囊病引起的肾肿，其病程短，发展快，发病率高，死亡率高。外部症状并不明显，病重鸡精神萎靡，羽毛松乱，食欲不振，拉白色稀便，鸡一旦出现全身症状，很快即会死亡。

剖检，病初可见到一侧或两侧肾肿胀、颜色变浅。随着病情的持续，鸡肾病症状加剧，可见肾出血，个别病鸡肾包膜出现血凝块（如白细胞原虫病），后期可见肾脏内尿酸盐沉积，似花斑状。

长时间的尿酸盐沉积，使肾脏受到机械挤压，可造成肾脏部分萎缩，特别是肾前叶，部分代偿性肥大。患鸡两侧输尿管肿胀，充满白色尿酸盐，时间较长时，尿酸盐变硬，形成尿结石，并将输尿管一侧或两侧完全堵塞，触摸坚硬。

除在肾、输尿管形成尿酸盐外，心外膜、肠系膜、气囊和肝表面有一层白垩样尿酸沉积，形成内脏型痛风；个别的关节面、滑膜腔等有白色的细粉样的尿酸盐沉积，患鸡关节肿大，腿拐，即出现关节型痛风。

（3）防治

1）预防

①正确配制日粮。严格按照肉鸡的营养需求配制饲料，不要盲目提高蛋白质水平，注意钙、磷的添加比例。

②不宜长期连续使用磺胺类药物及氨基糖苷类等对肾脏有刺激的药物，以防损害肾脏。

③经常检查供水线，发现堵塞要及时疏通。勤观察水箱、水线，及时添水，严防乳头堵塞导致鸡只缺水。控水时间不要超过 5 小时。

④鸡舍温度保持恒定，严防冷、热应激。

鸡没有汗腺，鸡体是随着温度的变化而变化的。鸡舍的温度早上最低，下午 12～19 点最高。鸡体的温度，中午 12 点最低，下午 15 点与早上 6 点接近，晚上 21 点最高。也就是说，早上开灯，鸡大量地饮水排尿，体温逐渐下降，到中午 12 点的时候体温降到最低；以后体温逐渐上升，直到下午 15 点时与早上 6 点相近。晚上关灯后到第二天早晨，鸡体温都保持较高，其通过呼吸可以大量散失水分，所以晚间一定要保证充足供水。

2）治疗　采取标本兼治的方法，在对因治疗的同时，还应进行对症治疗。

①促进尿酸盐排出　治疗肾病的药物较多，其对肾肿、调节电解质平衡都能起到一定的作用。但有些药物是一些无机盐和利尿药物复方制剂，其机制是通过无机盐碱化液，利用酸碱中和理论，使尿酸形成尿酸盐，提高其溶解度，并通过利尿作用，加速其排出。

尿酸在肾内，本身是以钙-钠-尿酸盐的形式排出的。尿酸盐在碱性环境中，不仅溶解度不升高，反而降低，只有使尿液酸化，才能使钙-钠-尿酸盐溶解度升高。这正是传统治疗肾病药物不理想的原因之一。

研究表明，日粮中的硫酸铵、氯化铵、DL-蛋氨酸、2-羟-4-甲基丁酸都能使尿液酸化，减轻尿酸盐诱发的肾损伤。

日粮中添加氯化铵量不超过每吨 10 千克，硫酸铵不超过每吨 5 千克，DL-蛋氨酸不超过每吨 6 千克，2-羟-4 甲基丁酸不超过每吨 6 千克。使用氯化铵时鸡会因拉稀而使垫料潮湿。用药见效后，应逐渐减少用量。

②抗病毒、消炎、驱虫、防继发感染。本病的发生常与病原微生物感染有关，因此在促进尿酸盐排出的同时，联用一些抗病毒、消炎、驱虫及防继发感染的药物是必要的。用药时，一定选用对肾破坏小的药物，同时要掌握好用药剂量，不能大剂量或超剂量用药。抗菌药物可选毒性低的喹诺酮类，抗病毒药可以选用黄芪多糖等中草药制剂。驱虫药应视具体情况而定，要选择副作用小、毒性低的药物。

③保护肾功能。在饲料中适当添加维生素 A（鱼肝油），以维持肾小管上皮的完整性，保护肾的滤过作用。另外，还可适当增加钾离子含量，以协调各种离子的平衡。

④抑制尿酸形成。单纯由蛋白含量过高引起的痛风病例可使用丙磺舒、秋水仙素等药物，抑制尿酸形成，并促进其排出。

35. 如何运用中兽医理论对肉鸡肾肿辨证施治？

肉鸡肾肿的发生主要与饲料、传染病和某些毒素有关，中兽医认为肾对肺脏、脾脏、膀胱的水、盐代谢起主导作用，主生长发育和主生殖、纳气；肾与肺脏的呼吸功能有关系。肾开窍于耳，司职于二阴。肾虚会出现尿少、尿频、便秘等。

中兽医治疗与辨证

（1）非传染性因素出现的肾病

1）饲料营养因素 根据中兽医治疗肾脏水湿内停的病症，治法为健脾渗湿和利水消肿。

组方：健脾化湿药物＋渗湿利水药物＋理气药物＋助阳化气的药物。

常用方剂：五苓散、五皮散

五苓散：猪苓、茯苓、泽泻、白术、肉桂，本方用于渗湿利水，兼有健脾化气、利尿作用。

五苓散和平胃散（苍术、厚朴、陈皮、甘草）合方为胃苓散，为治疗泄泻的方剂。平胃散可燥湿运脾、行气和胃，治疗采食减少、多种泄泻。

五皮散：茯苓皮、桑白皮（五加皮或者地骨皮）、陈皮、大腹皮、生姜皮各等份，是治疗水肿的通用方剂。茯苓皮渗湿利水、健胃，生姜皮利水；桑白皮降肺气、通调水道，大腹皮和陈皮理气除湿。本方重在健脾渗湿、利水消肿，治疗肾性水肿、水盐代谢出现障碍等疾病。可以辨证加减健脾理气药物，党参、黄芪、白术、肉桂、附子、干姜等。

中药组方：茯苓、生姜皮、泽泻、白术、黄芪、山楂、木香、厚朴、甘草，按照 0.5%～1% 的比例拌料，可以增加复合维生素 B、维生素 E 等。

2）中毒性因素　对于中毒性疾病，停止使用相关药物。保证充足饮水，加治疗肾肿的药物和葡萄糖（每升水 50 克），同时使用复合型维生素制剂。

保肝药物：柴胡、茵陈、五味子、白芍、郁金。

利尿药物：茯苓、猪苓、泽泻、车前子、萹蓄、瞿麦。

解毒药：甘草、绿豆、车前草水、甘草汤水。

提高免疫力：黄芪、党参、五味子、茯苓、甘草、白术。

（2）传染性因素引起的肾病

按照温热病治疗禽流感、法氏囊病、马立克病、传染性肾炎等。

卫分：病症初期，以清热解毒和宣散风热为原则，组方：泻火解毒＋宣散风热＋升宣肺气＋养阴生精＋渗利咽喉药，如银翘散、双黄连等。

气分：病症鼎盛阶段，以泻火解毒＋清热生津为原则，组方：泻火解毒＋益气生津＋清营凉血＋泻下，如白虎汤、麻杏石甘汤。

血分：疾病深入阶段，以清热解毒，凉血活血为主。组方为：清热解毒＋凉血活血止血＋滋阴＋开窍＋熄风，如清营汤、清温败毒散等。

36. 动物缺乏矿物质元素和维生素有哪些典型症状?

动物缺乏矿物质元素和维生素的主要典型症状可参考下表。

缺乏的矿物质元素	缺 乏 症	缺乏的维生素	缺 乏 症
钙、磷	幼年动物患佝偻症；成年动物患软骨症；异嗜癖	维生素 A	"夜盲症"；"干眼症"
钠、氯	食欲不振，被毛脱落，生长停滞，生产力下降，异嗜癖	维生素 B_1	雏鸡患多发性神经炎，头部后仰，神经变性和麻痹，猪运动失调，胃肠功能紊乱，厌食呕吐，浮肿，生长缓慢，体重下降
镁	缺镁痉挛症	维生素 B_2	鸡患卷爪麻痹症，足爪向内弯曲，由跗关节行走，腿麻痹，母鸡产蛋率、孵化率下降，鸡胚死亡率增高
硫	消瘦，角、蹄、爪、毛、羽生长缓慢；禽啄食癖	维生素 PP	生长猪"癞皮症"；鸡患口腔炎、皮炎、下痢
铁	贫血	维生素 B_6（吡哆醇）	幼龄动物皮炎；猪贫血、脂肪肝
铜	贫血；摆腰症	泛酸	猪出现"鹅行步伐"
钴	食欲不振，生长停滞，体弱消瘦，黏膜苍白等贫血症状	维生素 B_{12}（氰钴素）	贫血，神经系统损伤，行动不协调，皮肤粗糙
锌	猪的"皮肤不全角化症"；动物伤口愈合缓慢；繁殖机能下降	叶酸	贫血，生长缓慢，慢性下痢；猪患皮炎；鸡脊柱麻痹，孵化率低
铬	禽羽毛大量脱落；公牛精液量减少，精子畸形率增高	生物素（H）	贫血，皮炎，鸡胚骨粗短症
仔猪缺锌	食欲降低，生长发育受阻；皮肤不全角化症	胆碱	贫血；脂肪肝；鸡的"滑腱症"

（续）

缺乏的矿物质元素	缺乏症	缺乏的维生素	缺乏症
鸡缺锰	滑腱症	维生素C	坏血症；抗应激能力下降
碘	侏儒症；甲状腺肿大	维生素D	幼年动物患佝偻症；成年动物患软骨症
硒	幼年动物患"白肌病"；雏鸡的"渗出性素质病"；幼猪的"营养性肝坏死"；"桑甚型"心脏病；繁殖机能障碍	维生素E	不育症；幼年动物的"白肌病"；雏鸡的"渗出性素质病"；肉鸡的"脑软化症"
砷	母猪受胎率降低，仔猪死亡率增加，仔猪初生重减少，生长缓慢；山羊受胎率降低，流产、羔羊突然死亡	维生素K	禽凝血时间延长；产的蛋蛋壳有血斑

37. 怎样消灭鸡羽虱？

羽虱是鸡的一种常见外寄生虫，其寄生在鸡体上的种类很多，且数量大，繁殖快，羽虱以啮食鸡的羽毛和皮屑而生活。秋冬季节发病较多。

羽虱以其咀嚼式口器咬食羽毛的羽枝或皮肤鳞屑，会造成鸡瘙痒不安，新羽上的羽小枝被吃掉，羽枝和羽干也常被啮食而变得透明或折断。严重感染时，鸡体重减轻、消瘦和贫血，雏鸡和肉鸡生长迟缓，产蛋鸡产蛋率下降。

灭虱时要对鸡体、鸡舍、产蛋箱等同时用药，7～10天用药1次。其防治方法如下。

（1）阿维菌素每千克体重0.2毫克混饲。

（2）2.5％敌杀死乳油按400～500倍水稀释，用小型喷雾器对鸡逆羽毛喷雾。喷雾

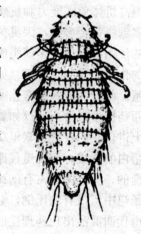

羽虱

时距鸡体 25 厘米，先喷鸡全身，然后喷鸡舍。注意不要喷入鸡嘴。一周后再喷洒一次。还可使用 2.5% 的溴氰菊酯或灭蝇灵加 4 000 倍水，对鸡体药浴或对鸡舍喷雾。

（3）将硫黄粉或百虫精装在两层纱布的小袋内，把药粉撒到鸡体的各部位，并搓擦羽毛，使药粉分布均匀。撒搓后用手拍打鸡体，去掉多余的药粉。

38. 为什么要树立保健为主、治疗为辅的观念？怎样选择鸡的保健药品？

（1）树立正确的预防保健观念　保健，是对机体在健康状态时加以保护，防止机体在成长过程中代谢功能的紊乱和微循环功能的衰减；治疗，是说当机体遭到疾病后再给予处理。保健与治疗从本质上是有区别的。但保健可以预防疾病的发生，即使鸡群发病了，采取适当的保健措施后，会使疫情损失大大降低，因为保健可以使鸡体的抵抗力增加，能减少疾病对机体造成的损害，并加快恢复机体的代谢调节。因此，必须树立保健为主、治疗为辅的观念。

（2）保健药品的选择　选择保健药品要遵循两个原则：一是能够提高机体免疫能力和抗病能力。常用动物保健药物有灵芝多糖、香菇多糖、黄芪多糖，因灵芝多糖和香菇多糖价格昂贵，不适应家禽养殖的使用，以黄芪多糖类应用最多。二是能提高胃肠道代谢和调节功能的作用，控制有害菌（如厌氧菌、梭菌等）在胃肠道内大量滋生和繁殖。此方面的药物有止痢散、平胃散等。绝对禁止在做保健方案中用西药抗生素类药品（如氨基糖苷类药品新霉素等）。因为从作用性质上讲，它们在抗生素里属杀菌剂；从作用机理上讲，它们能阻断细菌蛋白的合成，而肠道代谢的平衡是靠所有菌群相互制约来维持代谢平衡的，所有菌群占有的比例是不等的，用西药强行杀菌会破坏菌群在肠道中所占有的比例，会使肠道菌群相互制约失去平衡，从而造成肠道代谢混乱出现药理性的腹泻。

抗病毒病的保健药品有银黄类（氯氨酸、金丝桃素），因为它们具有免疫增强作用，能显著提高雏禽的网状内皮系统吞噬功能，具有促进肾上腺皮质功能的作用，对呼吸道冠状病毒、正副黏病毒等多种有害病毒均有较强的抑制和杀灭作用，有清热解毒、祛邪除湿的作用，能有效地防止病邪乘虚而入。

(3) 准确诊断，合理使用保健药品 在实践中，我们会遇到这种情况，一看什么病都像，什么病都有，无法诊断到底是由哪种疾病引起。因此，索性不去分析疾病的症状，不研究到底是什么病引起的，只针对致死因素去治疗。现在发病的主要因素是由于鸡体的抗病能力弱，体质差，细菌或病毒乘虚而入，造成体内大量邪毒郁热损坏肝肾功能而出现病情的逐步恶化。最终造成肾衰、心衰、呼吸衰竭、酸碱不平衡、败血症等而死亡。治疗时，首先应保肝护肾，补中益气，恢复肝脏解毒和肾脏排毒功能，恢复肾脏动力。其次，扶正固本、驱邪除湿。扶正，即补中益气；固本，即增加机体免疫力，产生内源性干扰素形成自我保护，可用黄芪多糖，既经济又实惠。祛邪、除湿、祛火是祛除病源的主要措施，可用银黄可溶性粉，起到清热解毒、宣肺燥湿、抗菌消炎的作用。

39. 科学养鸡应采取哪些综合措施？

(1) 鸡场选址要符合要求 应选择在背风向阳、地势高燥、水源充足、污水排放方便的地点；要远离村镇、机关、工厂、学校和居民区；与铁路、公路干线及运输河道也要有一定距离。

(2) 对饲养人员和车辆要严格消毒，切断外来传染源 鸡场出、入口要设置消毒池，池深约 30 厘米，宽约 4 米，长度要达到汽车轮胎能在池内转动一周，池内消毒液可用 2％火碱水或 3％来苏儿水。要注意定期更换池内消毒液，以便其保持杀毒能力，鸡舍出入口也应设置消毒设施，饲养人员出入鸡舍要消毒。外来人员一定要严格消毒后方可进入场区。鸡舍一切用具不得串换使用，饲养人员也不得随意去非本人管理的鸡舍。凡进入鸡舍的人员一定要更换工作服。周转蛋箱要用消毒液浸泡消毒后再用清水冲洗，装料袋要本场专用，不能互相串换，以防带入病原。

(3) 建立场内兽医卫生制度 不得将后备鸡群或新购入的鸡群与

成年鸡群混养，防止疫病交叉传染。食槽、水槽要定期清洗消毒，保持清洁卫生，粪便要定期清除。鸡转群前或鸡舍进鸡前要彻底对鸡舍和用具进行消毒。定期对鸡群进行免疫接种、药物防病和驱虫。疫苗接种是防止某些传染病发生的可靠措施，在接种时要查看疫苗的有效期、接种方法及剂量等。预防性用药是根据某些病的发病规律提前用药，各种抗生素类药物应交替使用，以防病原菌产生抗药性。同时，要重视和做好驱虫、灭鼠、灭蚊、灭蝇工作。

（4）加强鸡群的饲养管理，提高鸡的抗病能力　要选择优质的雏鸡。若要从外场购进雏鸡，进鸡前首先要了解该种鸡场的建筑水平、饲养管理水平及孵化水平，尤其是卫生管理。

种鸡的防疫消毒情况和饲料营养对雏鸡的健康影响较大，优质雏鸡的抗病力强，育雏成活率高。如果种蛋消毒不严，则孵化水平低，雏鸡患白痢病、脐炎的情况就比较严重；种鸡不接种脑脊髓炎疫苗，很可能雏鸡在1周龄内发生脑脊髓炎。

要供给全价饲料，饲料的营养水平不仅影响鸡的生产能力，而且当缺乏某些成分时，可发生相应的缺乏症。所以要从正规的饲料厂购买饲料，买回的饲料贮存时间不要过长，防止雨淋和潮湿，防止饲料霉变结块。在自配饲料时，要注意原料的质量，避免饲料配方与实际应用相脱节。

要控制适宜的环境温度，适宜的环境温度有利于提高鸡群的生产能力。如果温度过高或过低，都会影响鸡群的健康，冷热不定很容易导致鸡群呼吸道病的发生。

要维持良好的通风换气条件。鸡舍内的粪便及残存的饲料受细菌作用可产生大量的氨气，氨气一旦达到使人感觉不适甚至流泪的程度，即可导致鸡呼吸道黏膜损伤而发生细菌和病毒性感染。要减少鸡舍内的有害气体，一方面可以采用在不突然降低温度的情况下开窗或利用排风扇排气，另一方面要保持鸡舍地面干燥卫生，减少氨气的产生。

要保持合理的饲养密度，密度过大可造成鸡群拥挤和空气中有害气体增多，鸡群易患慢性呼吸道病、白痢病、大肠杆菌病及球虫病等。

要尽量减少鸡群的应激反应，过大的声音、转群、药物注射及饲养人员的举止和穿戴异常对鸡群都是一种应激因素，在应激发生时鸡群容易发生球虫病、传染性法氏囊病等。

（5）建立兽医疫情处理制度　兽医防疫人员要每天早晨深入鸡舍观察鸡群，有疫情要立即处理。

（6）一旦发生传染病，必须采取有效的扑灭措施　当鸡群中有部分鸡发病或异常时，应立即请兽医人员做出病情诊断，并查明原因。如不能确诊，应把病死的鸡装在严密的容器内，立即送兽医权威部门进行检验。必要时应把疫情通知周围养殖场或养殖户，以便采取预防措施。

当确诊为鸡新城疫、禽流感等烈性传染病时，应及时报告上级动物疫病防治部门，按上级划定的疫点、疫区隔离、封锁发病鸡场。并按动物防疫条例处理。

当确诊为禽霍乱等细菌性非烈性疫病时，对未发病鸡群紧急接种，对发病鸡群全部进行检疫，检出的病鸡隔离治疗，疑似病鸡隔离观察，对病鸡和疑似病鸡都应设专人饲养管理。

对所有病重的鸡要坚决淘汰。如果可以利用，必须在兽医部门指定的地点，在兽医监督下加工处理。鸡毛、血水、废弃的内脏要集中深埋，肉尸要高温处理。病死鸡的尸体、粪便、垫草等应运往指定地点焚烧或深埋，防止猪、犬等扒吃。对被污染的鸡舍、运动场及饲养用具，要用 $2\%\sim3\%$ 热火碱水等高效消毒剂进行彻底消毒。

在封锁期间，禁止雏鸡、种鸡、种蛋调进或调出，对原有的种蛋也不能调出。待场内病鸡已经全部痊愈或处理完毕，两周内如再无新病例出现，再进行一次严格消毒后，方可解除封锁。

四、养鸡户在线问答

1. 刚开产的鸡排酱色粪便，不爱吃料，蛋壳上有白色斑点，减产，是什么原因？

蛋壳上白色斑点为鸡群应激所致，减产的原因很多（饲料、应激、疾病、管理等），腺胃炎、肠炎等也影响采食量。可饮用黄芪多糖，饲料中加入微生态制剂，多维饮水，提高饲料转化率。

2. 鸡憋蛋瘫痪，最后死亡，请问是什么原因？

这是新母鸡病，应加强通风，多维饮水，治疗肠炎，通肾。

3. 14日龄蛋鸡眼睛有的湿润、有气泡，有的眼睑粘连、有突出眼眶的硬包，有的上喙还有硬节，请问是鸡痘吗？应怎样治疗？

是鸡痘。鸡痘疫苗紧急接种，12小时后用药，中西药抗病毒、消炎。

4. 肉鸡腺胃炎如何治疗，对什么药物敏感？

抗病毒、抗菌消炎（青霉素类），必要时通肾，添加黄芪多糖，有助于提高采食量。

5. 在孵化蛋鸡的时候挑出的公鸡如何大量饲养？是用肉鸡料按照肉鸡的养殖方法养，还是前期用养蛋鸡的方法养架子鸡，在 70 日龄或 80 日龄用肉鸡料催肥？请问哪种养殖方法好？

留种蛋鸡公鸡无须催肥，建议喂给育雏预混料，参考生产指南制定育成期饲料的蛋白质水平，采精之前就要增加动物性蛋白含量。若育肥，可采取后一种养殖方式。

6. 3 日龄的雏鸡患了内脏型痛风，是什么原因造成的？

原因有很多：脱水，蛋白或钙含量过高，大肠杆菌引起的肾脏功能下降等都能引起。

7. 剖检见到鸡的气管出血是什么病？肉鸡和蛋鸡分别是什么病？

引起气管出血的病非常多，如新城疫、传染性喉炎、支原体病等，肉鸡主要是呼吸道综合征。

8. 前几天鸡得了呼吸道病，已经好了，可是这几天有的鸡产白壳蛋，像纸一样白，但不是薄皮，请问是怎么回事？

引起蛋壳褪色的原因很多：大量投药导致肠道菌群失调，饲料利用率下降，维生素相对缺乏；疾病引起输卵管病变。防治措施：添加微生态制剂，调整肠道菌群平衡，多维饮水。

9. 引进德国罗曼褐种鸡 3 500 套，至今 185 日龄，产蛋率不到 50%，经有关专家化验，为鸡输卵管积水，请问该采取哪些措施？

　　是生殖型传染性支气管炎，小鸡出壳后 72 小时感染。本病不通过种蛋垂直传播，淘汰大红冠子和输卵管囊肿的鸡只，大群输卵管消炎，采取增蛋措施。

10. 160 日龄蛋鸡，产 35 克的蛋占 5%，蛋壳颜色发白，蛋清不稀薄，蛋壳破损多，鸡精神好，产蛋 90%，请问是啥毛病？

　　蛋白质决定蛋重，鸡的体重小也影响蛋重；加钙过晚（应 105 日龄），钙磷不平衡与含量不足，以及利用率低，患有疾病等因素都会影响蛋壳质量。应提高蛋白质与钙的含量，饲料中加入微生态制剂，调整肠道菌群平衡，多维饮水。

11. 现在出现了一种病叫腺胃炎，我们请来的兽医说是病毒性的，已经很严重。我们是在鸡雏 5 日龄的时候发现的，现在已经 30 日龄了，鸡平均只有 1 千克左右。我想问问有什么治疗的方法？它的发病原因是什么？

　　腺胃炎一般 20 日龄后发病，采食不理想，大小不均，饲料转化率低，支原体病、鸡痘、营养不良等原因均会引起该病。可通过抗病毒、消除肠道炎症、通肾来治疗。

12. 请问免疫鸡喉炎苗反应大吗？如果正处于发病期可以免疫吗？这种病在我们这儿正是发病高峰，有什么治疗药吗？

喉炎苗反应较大，可通过涂肛来降低应激程度，发病鸡群须紧急接种，12 小时后用药：中西药抗病毒、止咳平喘、消炎。

13. 肠炎是由哪些原因引起的？球虫病与梭菌性肠炎有什么区别？

球虫、大肠杆菌等均会引起肠炎，肠道内球虫大量繁殖导致缺氧，适合梭菌生长形成肠炎。剖检可见大肠杆菌性肠炎为相对规则的斑点状出血，肠黏膜部分呈短条状的出血。梭菌引起的肠炎出血相对严重，肠壁变薄，黏膜出现溃疡。球虫病表现针尖状弥散性出血，且常与白色坏死点同在。

14. 肉鸡球虫疫苗和法氏囊苗可以一起免疫吗？

间隔开免疫效果好。

15. 种公鸡排绿粪怎么治？

排绿粪的原因有很多，如新城疫、大肠杆菌病、白冠病、菌群失调等。应先治疗大肠杆菌病、肠炎，再用微生态制剂调整肠道菌群。

16. 鸡背上羽毛全被啄掉，请问是什么原因引起的？有什么办法可以预防和治疗？

是由于营养不平衡引起，治疗肠道疾病，添加微生态制剂调整肠道菌群平衡，提高饲料转化率；增加蛋氨酸的含量；加强通风，减少密度。

17. 60 只麻鸡 45 日龄了，最近发现有五六只出现羽毛逆立，其他一切正常。请问怎么办？

增加营养浓度，特别是要保证氨基酸的平衡。

18. 鸡产蛋的时候被别的鸡啄死，平均每天都死一二只，该怎么办？

啄肛的原因很多：开产过早，育成期骨架发育不良，导致耻骨太窄，大肠杆菌或球虫引起的肠道炎症，使得输卵管狭窄，脱肛，进而啄肛。应对症治疗：治疗大肠杆菌、球虫或肠炎，多维饮水，发现鸡蛋带血，应及时捡出该鸡，单独处理。

19. 防治喉炎有什么方法和药物？

喉炎苗 35 日龄和 90 日龄分别点眼或涂肛。发病后应用喉炎疫苗紧急接种，12 小时用药：中药抗病、止咳平喘、保护肠道。

20. 流感与新城疫的主要区别是什么？我养的是肉杂鸡。

流感主要表现肿头肿脸，肉髯肿胀，咳嗽、打呼噜、尖叫，排白绿色稀粪，鳞片出血，采食量下降，死亡鸡只有两种姿势：一种是胖鸡，死前尖叫，蹦高，肚皮朝上死亡，体膘良好，属大群较胖的鸡。剖检后气管出血，支气管处有血痰或黄色干酪物栓塞，腺胃乳头化脓，底部出血，肠道出血。一种是瘦鸡，死亡的瘦弱鸡是趴着死，体膘较小。剖检后出现气囊炎、心包炎、肝周炎，死亡呈递增趋势。大群精神萎靡。

新城疫大群精神萎靡，采食量下降，排白、绿色稀粪，出现呼噜、咳嗽症状，有较高死亡率，10%～20% 的死亡率，死的鸡一般为瘦鸡，爬着死。剖检后腺胃乳头出血，肾脏肿胀。

21. 发现鸡最近 3 天排白色稀便，还带黄豆大红色粪便。治球虫的药一直在吃，请问是什么原因？

此情况为球虫并发肠炎。治疗时球虫药和肠炎药同时用，并加强通风，减少湿度。

22. 排料便一般是什么原因引起的？

一般为肠毒综合征或菌群失调引起。

23. 肠炎有哪些类型？如何预防和治疗？用哪些成分的药物？用原粉治疗一些疾病好吗？见效快吗？

肠炎分为很多类型，包括病理性腹泻、生理性腹泻、中毒性腹泻、菌群失调。不管属于哪种情况，都需要先用药物治疗：可使用丁胺卡那霉素、安普霉素、痢菌净、硫酸黏杆菌素等。不建议使用原粉治病，因为现在的疾病比较复杂，多为继发、并发、混合感染。不能单一治疗，治疗方案应全面综合。

24. 好多人说鸡患了沙门氏菌病后，长大了产蛋不好，是真的吗？

沙门氏菌病是能够治好的，使用含痢菌净成分和头孢类抗菌药治疗即可，同时使用黄芪多糖和维生素等治疗。如果能短期内将病治好，加强产蛋前期的管理是不会影响产蛋性能的。

25. 产蛋期间的鸡得了喉炎怎么办？

产蛋鸡群感染喉炎最好直接用药物治疗。不宜使用疫苗接种，因为在此期间会产生应激，导致产蛋率下降。建议方案：抗病毒＋退热

＋消炎＋止咳平喘（中西结合如：麻黄＋泰乐菌素）。

26. 有哪几种病会引起腺胃肿大？如何治疗？

可以导致腺胃肿大的疾病有以下几种：①腺胃炎：治疗方案为抗病毒、消炎、退热、通肾；提高营养浓度，大小鸡分群饲养。②内脏型马立克病：淘汰鸡只。③白血病：淘汰个别发病鸡只。

27. 鸡排青绿色粪便（比较干）1个月了，未见死鸡，现在是120日龄，先前得过新城疫，免疫过疫苗，不知道是什么原因，以后会不会有什么大碍？如果有，该怎么办？

单纯干绿粪不是疾病。一般为应激导致或菌群失调。直接用微生态调整一下就可以了。

28. 鸡从今年6月份出现水样稀粪，腹泻不止，采食、饮水、产蛋正常，用抗生素类不见效果，疫苗预防均已到位。现已产蛋5个月，请问我该怎么办？

你所讲的是生理性腹泻。是由于育成期间粗纤维（麸皮）含量较高，或添加钙质速度过快所致。使用普通抗生素调理基本无效，只能通过减少麸皮含量来降低腹泻的程度，可以选择一些专门针对生理性腹泻的药品治疗5天以上。然后用益生素调理肠道菌群。经过这样一个疗程，腹泻能基本改善。平常就使用微生态长期调理。

29. 鸡偶尔出现死亡，经剖检心有白色物质包着，肝脏肿大，有些白色物质，内脏恶臭，粪便稀，是怎么回事？

是大肠杆菌病引起，可使用头孢类或氟苯尼考治疗，再者找到激发本病的根源，标本兼治。

30. 亚利桑那病又叫什么病？该怎么治疗？

亚利桑那病又称副大肠杆菌，直接使用抗菌药治疗即可。

31. 养鸡 2 000 只，自 30 日龄左右鸡粪便就逐渐变绿，40 日龄时全群粪便变绿。其间我用了 2 个疗程的治大肠杆菌病的药都无济于事。现在 43 日龄了，采食正常，无其他症状。抗应激的药也用了，绿便不见减少。有几批鸡都是这样子，请问是什么原因？

如果是干绿粪便有两种可能：①菌群失调，使用微生态调节即可。②应激，由各种应急条件导致，使用维生素、氨基酸调节。如果是稀绿粪有几种可能：①白冠病或鸡痘，使用专用方案治疗。②大肠杆菌或肠道病变，应对症治疗。

32. 我养了一棚杂交鸡，在 17 天的时候鸡大腿和翅膀上起了一些水疱，里面是黄色的水，刺破后流出紫血，一天死伤鸡 20～30 只，请问是什么原因造成的？该怎么治？

如果伴随有冠发白的情况可判定为白冠病，使用磺胺间甲氧嘧啶治疗。

33. 请问因注射链霉素过量而瘸脚的 40 日龄肉鸡能治愈吗？

使用抗菌药饮水，可治愈一部分。

34. 大部分磺胺氯吡嗪钠成分的球虫药鸡都不爱喝，是怎么回事？

请硬集中使用，采用全天饮水法饮用，可加入糖类。

35. 青年鸡，刚接进家就听见有呼吸道音，过几天见多，开始用泰乐菌素和安迪克，连用一周未见好转，可能是泰乐菌素剂量小，随后加大剂量，和其他抗病毒的药连用 3 天，基本治愈。产蛋 70% 时，个别鸡排黄绿鸡粪，病情看着不是很厉害，之后用杨树花、安迪克、禽泰克等治愈。产蛋一直保持在八成，不再上升，用治输卵管炎的各种方法都没有效果。8 月 20 日才注意到好多鸡冠、肉髯比较大，取出 200 只，下不了几个蛋，剩下的产蛋量保持在九成三，这些取出的鸡不是明显的公鸡，但又有点公鸡的特征，请问老师，这是品种的事还是患病后鸡冠变大呢？

该病为生殖型传染性支气管炎，与品种无关。于出壳后 72 小时内感染，不通过种蛋传播，淘汰大红冠的鸡，剩下的鸡采取增蛋措施。

36. 刚养了点乌鸡，我用以前养蛋鸡的笼子可以吗？应该用底部是平的吧，我用底部有坡度的可以吗？

可以使用养蛋鸡的笼子养，底部有坡度的也可以。

37. 我养的小肉鸡得了呼吸道病，用了泰妙菌素后，中毒停**产**未发生死鸡，后发现肾型传染性支气管炎症状，请问是**否**与我所用泰妙菌素有关？

肾脏病变很多情况可以导致：①疾病所致（如肾型传染性支气管炎、法氏囊炎等）。②药量过大导致。本鸡群肾脏病变不单纯是因为投药量大导致，与呼吸道导致的肾传支有关。减少应激，降低饲料中的蛋白含量。

38. 鸡现在刚开产，产蛋率达到 65%，为了预防疾病，用了瘟毒康，之后死了几只鸡，大部分都是屁股处有很多血，医生给开了道夫乐，还有鱼肝油和清凉一夏，可药都用完了还是死鸡，每天几乎都死 1~2 只。症状相同，屁股处有很多血，也没有瘪蛋，请问是怎么回事？

鸡群肛门上是鲜血吗？有两种情况：一是啄肛导致，二是球虫导致（近几年产蛋鸡群也会出现球虫）。

39. 电解质比较苦，是否里面含药物，主要是什么成分？电解质较甜，是否含葡萄糖或其他物质？

一般常规电解质都会有载体，维生素本身含量并不高。各厂家的产品包装含量不一。主要成分有维生素、电解质、赖氨酸、蛋氨酸、微量元素、免疫多糖、诱食剂等。电解质较甜是含糖较多引起的。

40. 鸡突然死亡好几只，主要症状是腿肿，请问是怎么回事？

这与葡萄球菌感染，或注射疫苗应激，外伤等原因有关。

41. 沙门氏菌病有什么症状？

沙门氏菌病会引起伤寒、副伤寒。表现为肠道疾病，解剖肝脏为铜绿色，有黄白色点，盲肠内有黄白色干酪样栓子，个别鸡眼睛失明。

雏鸡 12 天鸡舍温度 30℃左右为宜，蛋用雏鸡的育雏温度：1～2天为 35～33℃，3～7 天为 33～32℃，以后每周降低 2～3℃，至 5～6 周龄以 21～18℃为止。

肌肉出血，一般有以下三种可能：一是传染性法氏囊病引起，这种鸡表现炸毛、发呆，粪便以白色为主。第二是流感引起，肌肉出血是初期表现。第三是霉菌中毒引起，有肌胃溃烂等剖检症状。

42. 138 天蛋鸡，腿麻痹消瘦，发病的还没有开产，肠道有点出血，其他都好，请问是什么病？

腺胃炎。治疗方案：抗病毒、治疗大肠杆菌、通肾。

43. 37 日龄的肉种蛋鸡，前期表现吃料减少，现已有4～5天，现在吃料能降到 1/3，大群精神很好，个别的有闭眼、缩颈、羽毛蓬松、排蛋清样黄色粪便，还有个别的有白（蛋清样在周围）绿粪（在中间），小腿有条状或点状出血，空肠有黄豆大小不规则分布散在的出血点，肠壁变薄，直肠有针尖大小排成一条直线的出血点，盲肠、扁桃体有出血点或出血斑，法氏囊里有白色石灰样渗出物，喉头出血有白色痰液，气管出血充血，请问是什么病，是不是法氏囊病和新城疫混合感染？不打抗体可以吗？

这是法氏囊并发支原体与肠炎，可采取保守疗法：转移因子或百

佳 300 只鸡 1 瓶 1 次。结合用药：中（黄芪多糖）西药抗病毒、治疗大肠杆菌、止咳平喘、通肾。

44. 蛋鸡 150 日龄，腹泻十多天了，是肠毒综合征吗，用啥药比较好？

如果是刚开产便开始腹泻，属于生理性腹泻，是由于育成期添加麸皮量过大或添加速度过快所导致。治疗本病首先减少饲料中麸皮的添加量（尽量不加）。然后药物治疗，停药后用微生态制剂调理肠道菌群。如果是感染疾病激发的肠道腹泻，直接使用药品治疗即可，停药后使用微生态制剂调理。

45. 罗曼蛋鸡 185 日龄，现在采食量 95 克左右，请问怎么提高采食量？还有现在有零星死亡，剖检怀疑是肠毒综合征，另有一只有腹膜炎。请问该怎么办？

治疗肠炎与腹膜炎，用黄芪多糖饮水，加强通风，降低舍温，刺激采食，晚上多喂一顿。

46. 小鸡昨天被雨淋湿了，今天萎靡不振，也不吃食了，怎么办？

升高室温，将其放置在距热源近的地方，防止其害冷轧堆压死，多维饮水。

47. 蛋鸡脚底有个血窟窿，流血死亡该怎么办？

碘酒消毒患部，贴上创可贴即可。

48. 免疫疫苗多长时间后可以给予干扰素？

3～5 天即可。

49. 液体鱼肝油和普通豆油喂种鸡有什么区别？

鱼肝油提供 AD_3，而豆油则是作为能量饲料添加。

50. 肉用种公鸡饲料配方用预混料配全价料，采精时每日应喂多少？

玉米 65％，豆粕 20％，麸皮 8％，石粉 1％～2％（根据预混料中钙的含量调整），预混料 5％，再加入适量奶粉、多维、氨基酸、微生态制剂等保健品。仅供参考。

51. 鸡冠子朝一边倒是由什么病引起的？

引起此种情况的原因很多，由大肠杆菌、沙门氏菌等引起的肠道病，以及某些病毒病。

52. 如何治疗白冠病？

磺胺氯吡嗪钠配合中药治疗。

53. 肉鸡经常是法氏囊炎、传染性支气管炎、传染性呼吸道炎并发，应该怎么治疗？

以预防为主。7～10 日龄注射新城疫-禽流感弱毒灭活苗，同时用新城疫-肾型传染性支气管炎-传染性支气管炎三联冻干苗滴鼻、点眼。12～14 日龄免疫一次中强毒力的法氏囊疫苗，同时用黄芪多糖或转移因子饮水，一旦发病，及时治疗。肉鸡常发呼吸道综合征，症状有打呼噜、咳嗽，仰着死的鸡气管有痰，支气管分叉处有干酪样分泌物堵塞，窒息而死，趴着死的鸡解剖一般会出现气囊炎、肝周炎、心包炎、肾脏病变（个别花瓣肾）。治疗方案：抗病毒、治疗大肠杆菌、止咳平喘、通肾。

54. 肉鸡小肠从外边看到许多红色小圆点，是肠炎还是小肠球虫？

小肠球虫并发肠炎。应采取杀虫止血、消炎同时进行。

55. 在3~4月份的广州地区，家禽出现一种现象，它们没有临床症状，只是靠近骨头的肌肉部分有草绿色的点状或片状斑点，并且只是在肌肉深层有，表面无变化。进行细菌检查，分离不出任何细菌。请问，此种可能是什么原因造成的？

可能是毛细血管破裂所致。

56. 乌鸡和蛋鸡的饲养方法一样吗？免疫程序一样吗？请老师指导，乌鸡好养吗？

乌鸡和蛋鸡的防疫程序基本相似，相对之下乌鸡并不难养，只要将防疫程序做好，就没有什么问题了。

57. 十二指肠、空肠、回肠上面（从外看）有一些斑块出血，另外就是气管上有黏液和出血，就可以导致鸡死亡，其他没有问题，请问是什么病？

此病为新城疫。

58. 发现蛋鸡不吃玉米粒，采食也非常少，300 日龄的鸡每天吃 75 克左右，产蛋率低，50%～60%，蛋色、粪便都比较正常，也不死鸡，投一些药就好点，停药 1 周后还恢复以前不吃玉米粒现象。请问是怎么回事？

　　两个原因可导致此现象：①玉米本身存在质量问题。②鸡群存在肠道问题。

59. 16 日龄的肉鸡用苗后出现呼吸道症状，用泰乐菌素、红霉素后不见轻，肾肿大，花斑肾。气管有黏液，饮水量加大，认为是肾传染性支气管炎。用药 2 天肾已不肿，仍有呼吸道症状。其间并没用通肾药。2 天后死的鸡气管无黏液，肺有干酪样物，腹膜炎，法氏囊外表红色。请问是什么病，怎么治疗？

　　一般使用法氏囊苗后都会引起呼吸道症状，以后防止类似问题时，可于饮用疫苗前使用红霉素预防。根据你的描述，你的鸡不只是单纯的疫苗反应，还有肾传支和大肠杆菌。建议方案：抗病毒＋抗大肠杆菌＋通肾药＋退热药。

60. 鸡 140 日龄开始产蛋，今天突然死了 2 只鸡，有点脱肛的现象，用吃药吗？还有其他的方法避免此现象吗？请问用什么办法能治愈？

　　如果死亡鸡只输卵管内有硬皮蛋或软皮蛋的话，可判定为新母鸡病，夜间 11～12 点开灯补水补料。加强通风，增加营养浓度。饮水中加入防暑降温药。

61. 有一批鸡，在 160 日龄得了一场病，可能是新城疫，用了不少药，现在将近 200 日龄，已康复，产蛋率在 80％左右，请问产蛋上不去，是得病造成的还是因为天气热，或者是有其他原因？

两种情况都有。新城疫会导致输卵管、卵巢萎缩坏死，所以感染过疾病后会出现一部分鸡停产，表现为鸡冠萎缩、变黄。当气温超过 25℃后，每上升 1℃，采食量便降低 1％。当气温达到 35℃时，采食量就会下降 10％，所以各种营养物质（能量、蛋白、维生素等）摄入量减少，产蛋量自然不高。建议：淘汰不产蛋的鸡，饲料中加入一定量的植物油，饲料中加入调整生殖系统的中草药，饮水中加入防暑药，从而提高产蛋率。

62. 我养的海兰褐品种鸡已经 10 周龄了，平均体重 800 克。和海兰褐标准鸡体重相差 170 克，采取什么办法可以使鸡体重达到标准体重？

首先调整饲料配方，建议配方：70％玉米、20％豆粕、预混料 5％、麸皮 3％、植物油 2％，同时增加营养浓度。维生素、氨基酸同时饮水或拌料。

63. 鸡啄羽是什么原因？用复合多维管用吗？

刚开产的鸡啄肛一般是育雏、育成期发育不良所致，蛋鸡长到 84 日龄时其身高、体重基本发育完毕，如果在此期间胫骨发育不良、耻骨发育太窄，就会导致开产后经常啄肛。高峰以后的鸡啄肛主要是大肠杆菌肠炎引起输卵管炎，开始鸡蛋带粪，后带血，随之出现啄肛，先脱后啄。首先解决肠道问题，对症治疗输卵管炎，采取加强通风，改善环境，调整肠道平衡，降低光照，合理断喙，提高蛋氨酸及硫的水平，经常用多维饮水等措施能减少啄肛发生。如果发现鸡蛋带血或已脱肛、啄肛的鸡，应及时检出，单独护理。

64. 60日龄的七彩山鸡羽毛向前上方卷，毛色不光亮，其他情况都正常，请问该如何处理？

补充营养物质，可在饮水中加入维生素、氨基酸等。

65. 请问干扰素与抗病毒药是否能一起用？给鸡使用卵黄抗体后为什么会引发肠道病变？

为确保疗效，干扰素和抗病毒药尽量分开使用。有的卵黄抗体带菌率较高，打完抗体后会引起肠道病变，所以打完抗体后应及时使用抗菌药品。

66. 请问肠炎的外在表现与剖检症状是怎么样的？如何治疗？

肠炎主要表现为腹泻，排水样稀便，呈黄、白色，且伴有严重的消化不良，剖检可见肠道肿胀、变红、肠道外壁有圆状出血点。可由病毒性、细菌性、生理性因素引起，饲料不良、天气变化也会诱发，治疗时要找出病因，并采取退热、消炎、止痢、止血等措施。

67. 现在的肉鸡采食量普遍偏低，为加大采食量能否在水中加入地塞米松或是青霉素，请问地塞米松用多大的量为好？或是还有什么好的方法？

要先分析鸡的健康状况、饲料质量及环境温湿度等，这些都正常时，你可以考虑以上方案，但具体用量要按药品说明，建议使用黄芪多糖或改善胃肠道功能的药物。

68. 流感病毒（H9N2）与大肠杆菌混合感染怎么治疗最好？

确定是此病吗？如果是，可先选择少量鸡只注射新城疫和禽流感的二联油苗，间隔 12 小时以后，如果大群无死亡，便可全群注射。然后再间隔 12 小时用药物治疗。方案：中西药、抗病毒药，加核苷肽和转移因子，加抗大肠杆菌药，加退热药。

69. 鸡 245 日龄了，一直有零星死亡。剖检腹腔里有血块，但不是脂肪肝，没有新城疫症状，有些鸡血块早就有了，冠发白，也没有呼吸道病，找不到是哪里出血，请问是什么病？

是否发现输卵管内有一个软皮或硬皮蛋，如果有，可诊断为产蛋疲劳综合征（新母鸡病），本病高峰期间最容易出现，一般为夜间或凌晨死亡，治疗本病需在夜间 11～12 点开灯 1 小时，让鸡群饮水吃料，配合药物治疗。饮水中可加入冰片、碳酸氢钠、甘草、滑石粉等。

70. 蛋鸡 50 日龄，腺胃肿大、小肠出血，盲肠出血，肠壁肿大、增厚，鸡吃得很少，喝水也很少，有的不吃不喝，一天死 50～70 只，初步诊断为球虫病和新城疫。请问鸡在发生什么病时腺胃肿大，您认为这是什么病？

可诊断为新城疫、腺胃炎和球虫病。当鸡群感染传染性腺胃炎和马立克氏病时，都会导致腺胃肿胀，治疗新城疫的药和球虫药需要分开使用，早上治疗新城疫和腺胃炎，中、下午治疗球虫病和肠炎。治疗此病前，需要淘汰一部分鸡，减少舍内湿度，加强通风，治疗球虫一定要配合肠炎和止泻药治疗。

71. 4日龄的三黄鸡腹水是什么原因引起的？

腹水的发生与密度和通风有关，属于大肠杆菌病的一种，解决此问题需要加强通风、减少密度，用抗菌药来治疗。

72. 有没有药让肉雏的鸡冠大而红？

在饲料中添加壳红素（主要成分：电解质、甲壳质、松针膏、有机锰等）或维生素A就可以。

73. 为什么免疫过法氏囊病以后要用球虫药和治疗肠毒的药啊？是不是因为法氏囊病是免疫抑制性病？它主要侵害肠道吗？

球虫本身可以破坏鸡的免疫系统，而法氏囊也可以导致鸡群免疫力下降，所以预防球虫和肠道疾病是非常可行的方案。

74. 产蛋高峰期都3个多月了，但是蛋重1盘（30个）只有1.6千克，怎样才可以提高蛋重？

增加饲料蛋白水平就可以。

75. 鸡得过法氏囊病，可检测到抗体，还用免疫法氏囊病疫苗吗？

不需要再免疫。

76. 海兰褐蛋鸡 5 300 只 250 日龄，从 140 日龄到现在每天腹泻，大肠杆菌病 15～20 天复发一次。多方治疗无效，请问该怎么办？

生理性腹泻，发病原因与加钙的速度及育成期间添加麸皮量过大有关。用西药治疗，然后用微生态调理即可。

77. 15 日龄的肉鸡 2 000 只，减料近 50 千克，排不成型的稀粪，有的排白色水样粪，剖检可见肠道外翻，肠黏膜呈微黄色，无内容物；肝有黄色条纹，有的呈暗红色。请问这是不是肠炎？该如何治疗？

当前法氏囊病高发，白色稀便，减料，怀疑是法氏囊病前期的征兆。可以判定为肾脏病变和肠道病变。属法氏囊病或肾传染性支气管炎的前期症状。请注意预防。

78. 禽流感与新城疫最重要的区别点在哪？

禽流感日龄越大，死亡率越高。新城疫日龄越小，死亡率越高；日龄越大死亡率越低。禽流感死胖鸡，新城疫死瘦鸡；新城疫产蛋鸡感染后主要出现软皮蛋，精神较差，剖检可见卵泡萎缩、坏死，输卵管萎缩。禽流感感染主要产白皮蛋，精神相对较好，发病快，剖检可见卵泡破裂，输卵管内有脓性分泌物。

79. 大蒜素在蛋鸡饲养中可以长期使用吗？

在饲料中，长期使用大蒜素可以起到保健、促食的作用，无弊端，可以定期预防使用。

80. 肉鸡出现呼吸道症状，剖检呼吸道无病变，死亡率高，腺胃乳头流脓性分泌物，无其他明显症状，用抗病毒药和呼吸道药效果不明显，解剖不像是新城疫和呼吸道综合征，呼吸道综合征剖检症状有哪些？

肉鸡呼吸道综合征的剖检症状：胖鸡支气管处有干酪样物，无其他症状。瘦鸡剖检后可见气囊浑浊、心包炎、肝周炎、肾脏肿胀、身体消瘦。

81. 弱毒型新城疫的剖检症状是什么？

当前不分强毒或弱毒，自 1999 年开始感染的新城疫皆为强毒感染。剖检症状：腺胃乳头出血，输卵管萎缩，卵巢萎缩坏死，肠道肿胀出血。

82. 抗病毒药是否会引起食欲下降？抗病毒药效果到底如何？

人们常说：是药三分毒。量大了会影响采食量，准确诊断、治疗方案合理、保证药品质量是药到病除的三大法宝，中西药结合效果会更好。

83. 蛋鸡 120 日龄免疫 H52，接种点眼好还是肌内注射好？或者其他什么方式比较好？

H52 饮水为宜。

84. 腺胃炎是什么原因引起的？该怎么防治？

引起腺胃炎的原因很多，如鸡痘、营养障碍、玉米霉变、通风不良、雏鸡脱水等。防治应采取抗病毒、消炎、通肾。

85. 脱肛的鸡如何治疗？对大群鸡如何预防？

脱肛的原因很多，如育雏、育成期发育不良，球虫、大肠杆菌引起的肠炎、输卵管炎。加强育雏、育成期管理是最根本的，预防肠道疾病、经常用多维饮水也能减少发病率。

86. 肉鸡 25 日龄了，这几天采食和饮水都下降，鸡异常兴奋，爱打架，疯跑，易惊，粪便基本正常，请问该采取哪些措施？

光线过强，维生素、矿物质缺乏，药物中毒，肠炎都会引起以上症状。应采取对症治疗，通肾、多维饮水。

87. 小肉杂鸡在长到 15 日龄左右的时候，有啄尾巴的现象，该怎么办？

治疗球虫肠炎。

88. 鸡场开始有 4～5 只 3 月龄鸡排水样粪便，并夹有一点白色，粪便没有黏附肛门，鸡时不时发出"咯咯"叫（每天温度达到 37℃）。请问该怎么治？

加强通风，降低舍温，饲料中添加微生态制剂，减少肠炎发生。

89.

30 日龄的鸡，在 21 日龄免疫新城疫疫苗后出现呼吸道症状，后来发展到如同蛙叫一般，肝脏呈暗红色、肺坏死、瘀血，肌胃角质层下有少量的出血斑，肠道弥漫性出血，十二指肠最重，脾脏上有坏死点，肾脏肿大，气管内有黏液、出血点。请问是什么病？怎样治？

呼吸道综合征，抗病毒、止咳平喘、治疗大肠杆菌。可选用头孢克肟钠、强力霉素、利福平、西咪替丁、吲哚美辛等药物治疗。

90.

小鸡已经 100 日龄了，排便一直都是黄绿色、绿色，老觉得喳喳粒粒的，不是正常形状，而且体重不达标，这到底是怎么回事？我用过大肠杆菌药、病毒药、球虫药、肠炎药，都没治好。您说我该再用什么进行调理呢（这批鸡在育雏时和 80 日龄的时候均出现过排红肉色粪便，吃了球虫药好了，得过呼吸道病现在也好了）？

你家的鸡群出现了菌群失调现象，这是体重不达标的主要原因，当饲料转化率低时，各种营养（如蛋白质、能量、维生素、氨基酸等）都会出现间接缺乏，严重影响鸡体生长。菌群失调的原因是，前期肠道问题或感染疾病后肠道问题没有及时解决，导致肠道内大量有益菌被破坏，消化道不能正常消化和吸收。解决问题应从菌群失调开始调节，可在饲料中加入高档的微生态制剂（益生素）调节，然后饲料中加油脂或其他能量饲料，减少配方中的麸皮添加量，玉米加至 70%。多补充营养添加剂。这样体重、肠道问题就可解决。

91. 60日龄海兰灰蛋鸡可能得法氏囊病吗？

有可能感染。

92. 腺胃与肌胃交接处有灰色溃疡是什么原因引起的？

饲料若有霉变，导致鸡体出现慢性中毒现象时，鸡会出现您说的症状。

93. 为什么治疗法氏囊病不让集中饮水？哪些鸡病集中饮水效果不好？

不集中使用的原因有一个：肾脏问题。当鸡群感染了法氏囊病后，肾脏会出现严重病变，此时集中使用会加重肾脏负担，导致较高死亡率。

94. 鸡得了法氏囊病是否需要注射抗体？

近些年有些地方法氏囊病发病率特别高，打过几次抗体还可能复发，且后期感染大肠杆菌的概率几乎为100%，所以注射抗体相对来说并不是很科学的方法。建议你用药物治疗，及时挑出瘦弱鸡，保持舍内适宜温度，减少应激。需要提醒一点，肾脏病变严重或并发新城疫是绝对不得注射抗体的，否则会出现较高死亡率，且治疗难度非常大。

95. 腺胃炎有哪些具体的症状和特征？在腺胃肿胀的情况下，与其他病如新城疫等怎样区分？腺胃炎真的那么难治吗？针对腺胃炎能推荐一下用哪方面的药吗？

腺胃炎的临床症状如下：大群均匀度差，体重轻，发育不良，采食、饮水相对偏低，粪便成细条状。剖检症状：腺胃肿胀，乳头弥漫性出血，肠道肿胀、出血，肾脏肿胀。本病不难治疗，建议采取以下方案：抗病毒＋退热＋消炎＋通肾药＋维生素连用5天，加强饲料中玉米及油脂的添加量。

96. 育成期添加过量麸皮为什么会造成腹泻现象?

麸皮中含有大量粗纤维，会加速肠胃蠕动，导致鸡粪变稀。

97. 公鸡鸡冠先是脓性肿大，然后脓包破裂，鸡冠变成黄色，接着坏死溃疡，发病感染率为100%，现在无鸡死亡，请问该如何治疗?

此症状是葡萄球菌感染，可每千克体重肌内注射庆大霉素5万～6万单位。

98. 60日龄海兰灰蛋鸡排绿粪，剖检未见异常，请问是什么病? 该用什么药?

如果只是单纯硬绿粪，可在饲料中加入微生态制剂调整肠道菌群平衡。

99. 临床上发现3日龄的雏鸡死亡率比较高，剖检发现内脏有痛风病，腹部皮下有黄色胶冻样物质，请问是什么原因所致? 怎样治疗?

大肠杆菌、葡萄球菌感染，硒缺乏等原因均可形成以上症状。可在杀菌、通肾的同时添加亚硒酸钠维生素E粉。

100. 产蛋鸡腿部有出血孔，流血不止，直至死亡。剖检诊断大多有新城疫感染，请问该采取哪些措施？

用药的同时，在出血部位消毒，再贴上创可贴即可。

101. 蛋鸡 280 日龄，剖检见回肠有气，有很多白色固体分泌物，肝脏有出血点，心包积水，别的正常，请问如何治疗？

可以按大肠杆菌肠炎治疗。

102. 200 多日龄的鸡在免疫新城疫后 3 天，出现了麻壳、白壳蛋，死亡鸡腺胃有出血点，内容物为绿色，十二指肠出血，卵黄蒂附近有少量的出血点，直肠有出血点，有卵黄性腹膜炎。请问这是不是疫苗引起的非典型新城疫？

这是注射疫苗应激发病，建议转移因子或核苷肽饮水，同时用中西药抗病毒，治疗大肠杆菌，多维饮水。

103. 公鸡眼、冠有水疱，是哪种病啊？

鸡痘、白冠病及葡萄球菌等情况均有可能出现以上症状。

104. 请问用了疫苗后有哪些药是不能用的啊？

注射油苗不影响用药，使用冻干苗前后 3 天不得使用抗病毒药物。

105. 刚出壳的小鸡怎么会出现痛风？什么原因引起的？

　　饲料配比不当、脱水、药物中毒或大肠杆菌感染等原因都可能引起痛风。

106. 罗斯 308 肉鸡，30 日龄，1 500 只，现在每天死亡 8 只左右，粪便绿色、黄色，不成形，还有带气泡的粪便，剖检发现肝脏肿大，呈黄色，上面有针尖样出血点，肾脏颜色变浅，小肠有岛屿状坏死，有出血点，用过黄芪多糖、灵芝、干扰素，还有治疗球虫、肠毒的药物，但都没有见效，请问这属于什么病症，用什么药物能控制一下？

　　按球虫、肠炎治疗。

107. 鸡注射了法氏囊病抗体后，还用接种法氏囊疫苗吗？打完抗体后应该怎么做？注意什么？

　　不需再用疫苗。打完抗体再用药物治疗。

108. 10 日龄肉鸡得了法氏囊病，注射抗体后正常了，可是在 30 日龄时又得了，又注射抗体可是不太理想，大群还可以，就是还有零星死亡，剖检还是有法氏囊病的症状。请问怎么办？有好的方法吗？

　　打完抗体也要用药物治疗。中西药抗病毒＋抗菌药＋退热药＋通肾药。连用 3 天，不要集中用。

109.

肉鸡 20 多日龄，从小就有腿瘫的，现在已发现有 50%，别的没什么症状，请问这是怎么回事？

病毒性关节炎、大肠杆菌病、沙门氏菌病都会导致瘫痪。

110.

鸡场里几百只公鸡最近 1 个月出现冠萎缩，剖检发现睾丸也出现萎缩，请问这是什么原因或什么病？如何处理？

鸡冠萎缩，有慢性病如白痢、大肠杆菌病、白血病等，喹乙醇或庆大霉素中毒也会出现萎缩症状。

111.

海兰褐蛋鸡 4 000 只，现在 128 日龄，产蛋率 0.18%，啄肛严重，不知什么原因，该怎么办？

导致啄肛的原因有：①肠炎并发输卵管炎。②体重不达标，耻骨过窄，导致脱肛，继而出现啄肛现象。应淘汰瘦弱鸡，使用肠炎和输卵管炎药物治疗。

112.

几批肉杂鸡每到 25 日龄以后都得非典型新城疫，主要症状有瘫痪，头部震颤，小肠壁增厚，淋巴滤泡枣核状突起、出血，直肠黏膜有的有条状出血，请问新城疫用哪种苗？什么时间用？用几次最好？我说的这种症状还有哪些病可以引起？

不管养肉鸡还是蛋鸡，都要加强免疫，7～10 日龄注射新城疫-

禽流感二联油苗。如果是肉鸡，尽量不要用冻干苗进行二免和三免。这样可以避免新城疫的发生。平时加强管理。提高机体免疫力。

113.

一批 9 000 只的罗曼白蛋鸡 160 多日龄，产蛋刚上到 80％，就缓慢下降，现在 190 日龄，产蛋 65％，170 日龄做过禽流感 H5 免疫，蛋壳颜色正常，吃料正常，精神正常，每天死 3～5 只，个别排白稀便，前段时间得过呼吸道疾病，现在已康复。病变肝易碎，有坏死灶，肾肿大，用过保肝和通肾的药，气管下部与支气管 5 厘米处有出血点，没有黏液和血液，请问有办法能使产蛋量升高吗？

引起产蛋率下降的疾病很多：如新城疫、变异传染性支气管炎、肠炎等各种疾病。判断哪一种疾病需要看其他的临床症状，如采食量、精神状态、粪便、蛋壳质量、剖检症状等。请说明死亡鸡只的剖检症状。

114.

该如何制订一个全面的免疫程序？请给我一个参考程序。

7 日龄 H120 滴鼻，2 倍量，新城疫-禽流感（H9）二联灭活疫苗颈下 1/3 处皮下注射，每只 0.3 毫升；10～12 日龄法氏囊疫苗，2 倍量滴口；15 日龄禽流感（H5）疫苗皮下或肌内注射，每只 0.5 毫升；18～20 日龄法氏囊疫苗 3 倍量饮水；25 日龄鸡痘，翅内无毛处 1 倍量刺种；30 日龄喉炎疫苗，2 倍量涂肛或滴眼；35～40 日龄 H120 疫苗 2 倍量饮水，新城疫、禽流感（H9）二联灭活苗肌内注射，每只 0.5 毫升；45 日龄鼻炎灭活苗肌内注射，每只 0.5 毫升；60～70 日龄克隆Ⅰ系 1 倍量注射；80 日龄喉炎疫苗 2 倍量涂肛或点眼；90 日龄鼻炎灭活苗肌内注射，每只 0.5 毫升；100 日龄鸡痘 1 倍量翅内无毛处刺种，禽流感（H5）肌内注射，每只 0.5 毫升；120 日龄 H120 疫苗 3 倍量饮水，新城疫传支减蛋综合征疫苗肌内注射，每只 0.5 毫升，冬春季每过 2～3 个月注射 1 次新城疫-禽流感（H5、H9）疫苗，夏秋季每过 3～4 个月注射 1 次新城疫禽流感（H5、H9）疫苗。

115. 三黄鸡长势良好，并且不死鸡，与别的鸡体重相差不大。30 日龄的鸡感染不典型的新城疫，免疫 Ⅳ 系 2 倍量可以吗？该怎么办？

如果是新城疫单独发生，没有混感其他病毒病的话，可以紧急接种冻干苗。在不确切的情况下，可用转移因子或核甘肽取代疫苗，虽然效果不如冻干苗，但更安全一些。

116. 高峰期蛋鸡腹泻 1 个多月，不影响产蛋，消瘦，体重 1.25～1.5 千克，用什么药都不行。该怎么办？

你说的这种情况一般为生理性腹泻或中毒性腹泻导致。综合防治：①加强通风。②适当控水。③药物治疗：消炎止痢＋退热止血。④益生素长期调理。（注意去掉饲料中的麸皮）。

117. 大肉鸡 23 日龄突然患了呼吸道病。一直用药预防大肠杆菌病，前期投了 3 次治大肠杆菌病的药，有氟苯尼考、环丙沙星。有肿头、流泪的鸡，剖检可见气囊有干酪样物，包心。请问呼吸道病是否是大肠杆菌引起？还是别的原因？

肉鸡呼吸道综合征。中西药抗病毒、治疗大肠杆菌、转移因子或核苷肽饮水，止咳平喘、淘汰病弱鸡。

118.

剖检腺胃乳头弥漫性出血，小肠淋巴肿胀、出血，卵泡坏死、变形，流体状内容物，输卵管有蛋清状分泌物，鸡冠发绀，死亡很快，是正产蛋的肉种鸡，请问该怎么办？

这种情况今年比较多见，一般死亡率为 10%～15%。可按新城疫处理。及时挑出病弱鸡，大群用药：中西药抗病毒＋核苷肽或转移因子＋抗菌消炎＋退热药混合饮水 5～7 天。尽量避免各种应激。千万不要用冻干疫苗治疗，只能采取保守疗法。

119.

蛋公鸡啄得很厉害，已经用了止啄灵，也断了喙，请问是什么原因？

多种原因能引起啄癖：如公鸡之间的性序列引起的争斗，肠道有炎症引起的消化不良，光照太强，密度过大，饲料营养不足等。

120.

黄芪多糖能不能和抗生素配伍？

可以配合使用。

121.

817 肉鸡，先得肠毒综合征，排料粪，粪便稀薄，用 1 天肠道药（新霉素或痢菌净）后，粪便又出现白头大的情况，肾脏出现病变。请问用肠道药的同时晚上通肾，会不会影响肠道药的吸收效果，肠道病变与肾肿有没有必然的联系？

通肾会提高治疗效果，还能加速毒素的排除。

122. 鸡得了腺胃炎治疗的差不多了，可吃料一直没恢复正常，吃得少，怎么办？

室温高与疾病都会影响采食量，停药后用微生态制剂，调整肠道菌群平衡，提高饲料转化率。

123. 鸡得了鼻炎还没好，又出现了新城疫，该怎么办？鼻炎已经用了 3 天药还没好，现在先用新城疫疫苗行吗？对鸡没有危害吧？

你的鸡什么品种？如果确诊为鼻炎与新城疫的话，可用新城疫冻干苗紧急接种。12 小时后再药物治疗：中西药抗病毒、止咳平喘、磺胺药治疗鼻炎，淘汰病弱鸡。

124. 蛋鸡体瘦，产不出蛋，剖检可见输卵管糜烂，蛋成块状，有水，肝呈黄白色。请问是什么病？

鸡蛋坏在腹腔还是堵在输卵管？如果是在腹腔成块状卵黄，为卵黄性腹膜炎，感染某种病的后遗症。应淘汰病弱鸡，治疗大肠杆菌病。如果堵在输卵管，夜间死亡，为新母鸡病，应加强通风，维生素 C 拌料，多维饮水。

125. 鸡在 16 日龄的时候得了肾型传染性支气管炎，25 日龄治好的，今天 30 日龄了，可是吃料还是上不去，也看不出有什么症状。请问该怎么办？

补充营养，黄芪多糖与多维饮水。

126. 如何配制产蛋大于80%的蛋鸡饲料?

玉米 617.5‰,豆粕 250‰,石粉 80‰,优质预混料 50‰,美酵素(油脂替代品 0.5‰),微生态制剂 2 ‰。

127. 817 肉鸡 10 日龄,7 日龄时做了新城疫—支气管炎 120 和肾型传染性支气管炎的免疫,今天发现有个别鸡有咳嗽症状,是呼吸道的毛病,现在能用治疗呼吸道的药吗? 还是等到 12~14 日龄免疫法氏囊病疫苗后再用药,可以不做免疫吗? 第 1 次养肉鸡,肉鸡在出笼之前一般都是吃药不断的,且药都是以预防为主的吗? 听兽医说,肉鸡一旦患病就不好控制,是这样的吗?

现在可以使用药物治疗。肉鸡病毒病(新城疫、禽流感、肾型传染性支气管炎、法氏囊病)主要是靠疫苗预防,定期药物预防球虫、大肠杆菌病、肠炎等,并不是天天给鸡喂药。治疗效果要抗得住那种病,如新城疫就不好治,而鼻炎、法氏囊病、球虫病、肠炎、大肠杆菌病等就好控制一些。该鸡群肾型传染性支气管炎的可能性最大,抗生素配合中药止咳平喘与通肾,多维饮水,减少应激,保持鸡舍温度恒定。

128. 大群没什么异常,一般死亡都发生在晚上,蛋壳还正常,发病鸡不吃食、死亡、体重略有下降。到兽医那里解剖过,给开药吃了 2 天,没有什么好转。请问是怎么回事?

如果死鸡输卵管内有蛋,可诊断为新母鸡病。加强通风,降低舍温，提高饲料营养浓度，添加多维饮水。如果肠道不好，同时治疗大肠杆菌与肠炎。

129. 鸡除了流泪，还有喘、不食等现象，每天大概死 10 只。请问是什么病？

鸡的品种？日龄？剖检症状？粪便？有无肿脸、流鼻液的？如果伸颈喘鸣，没有肿脸流鼻液的，通过解剖没有新城疫症状的话，可诊断为传染性喉气管炎，治疗方案：喉炎疫苗紧急接种，12 小时后用药：中西药抗病毒、止咳、平喘、治疗大肠杆菌。

130. 土鸡开始发现少数眼睛流泪，到后来就长了结痂，封住眼了，最后开始死，直到后来眼睛没问题的都开始死，有腹泻的，羽毛蓬松，喜睡，不吃，每天死几十只。请问怎么防治？

如果是黑色结痂，请按照鸡痘治疗。可用鸡痘疫苗紧急接种，再用药治疗。

131. 蛋鸡现在有 30% 都腹泻，10% 的鸡鸡冠呈紫色。请问怎么治？

鸡精神怎么样？是饲料盐分高还是受寒冷？要查明原因，退热＋止痢消炎，综合治疗。

132. 肉鸡 12 日龄 2.5 倍量饮水免疫了法氏囊病疫苗后，第 14 日龄开始大群粪便变为黄色饲料粪，个别有西红柿样和鱼肠样粪，按照肠毒球虫治疗了 3 天，第 20 日龄大群仍为黄色饲料粪，看起来挺严重的，体重不达标，有大有小，羽毛有点蓬乱，个别有打蔫的，无死亡，请问饲料粪怎么回事？该怎么办？还有体重不达标与排料粪有关系吗？

请按照肠炎并发腺胃炎治疗。体重不达标与拉料粪有直接关系。

133. 很多养殖户，鸡群常规免疫，产蛋鸡产蛋率在 40%～90%，鸡群出现产蛋减少或上升缓慢，有呼吸道症状，个别死亡，用药效果不理想。有的养殖户用抗病毒和大肠杆菌的药预防，并增加营养，但还是出现问题。请问怎么办？

夏季产蛋鸡群产蛋率上升缓慢或下降，发生较多，大部分因为气温升高导致采食下降，各种营养供给不足，且严重消化不良。饮水量增加导致排稀便，但这种情况一般为大群正常，无呼吸道症状。如果现在有呼吸道症状，就要考虑新城疫或传染性支气管炎。

134. 鸡 180 日龄有极个别的打嗝，产蛋下降，不伤鸡。请问怎么治？

如果大群正常，只是粪便稀的话，治疗变异传染性支气管炎：中西药抗病毒，止咳平喘，治疗大肠杆菌，多维饮水。

135. 210 日龄的海兰褐蛋鸡，7 月 17 日免疫的活苗，4 000 只鸡。蛋壳上似乎覆盖着一层白色粉状物质，整个蛋壳颜色呈紫色的有 100 枚左右，另外还有 10 来枚沙皮蛋，20 多枚蛋上粘有鸡粪，而且蛋壳摸起来比较粗糙的有 50 多枚，请问是输卵管炎吗？怎么用药？

按肠炎治疗，减少应激，多维饮水。

136. 在饲料中加入杆菌肽锌（每吨饲料加入 1 千克），是不是能起到预防大肠杆菌的作用，产蛋鸡用。

杆菌肽锌能起到一定的预防作用，应按照说明使用。杆菌肽锌更主要的功能是促生长作用。

137. 我家是养土公鸡的，现在该刺种鸡痘了，请问可不可以用饮水的方法来防疫，加大用量？

不能用饮水法，刺种是最可靠的方法。

138. 鸡没有产蛋高峰或持续时间不长是怎么回事？

造成产蛋高峰低或维持时间不长的原因很多，饲料配合上如饲料中能量、不饱和脂肪酸、必需氨基酸、各种维生素等的含量是否能满足需要；管理上有育成期体重和光照是否达标；疾病方面是否患有一些隐性亚临床疾病如支原体病、传染性支气管炎、大肠杆菌病等，要找出原因，才能确定解决方案。没有产蛋高峰，一般是由于育成期管理不当造成的。

139. 有时鸡排绿粪是怎么回事？

鸡粪发绿是由于肠道中的胆汁没有被完全吸收所致。造成胆汁吸收不良的因素有肠道炎症（如新城疫）、肠道蠕动过快（如饥饿）、肠道内渗透压过大（如高金属离子）、饲料中成分不易吸收（如育成、开产换料）、饲料中成分刺激肠道加快运动（如饲料中粗纤维含量过高、某种类型的细菌毒素）等。

140. 产蛋鸡200日龄，突然白壳蛋增多，食欲下降，喝水正常，第2天产蛋量就有所下降，第3天以后开始出现零星死亡，剖检腺胃乳头出血，肠道主要淋巴结出血，卵泡充血严重，输卵管黏膜也不正常，还有心包炎、心包积水，我用干扰素＋抗生素连用3天没有好转。请教专家这是怎么回事？怎样解决？

初步判断为新城疫继发大肠杆菌。治疗方案：转移因子、核苷肽或干扰素类药物饮水，中西药抗病毒、抗菌药物治疗大肠杆菌、多维饮水。

141. 肉鸡一般在20～30日龄被贼风吹到，或者是突然降温，引起咳嗽、流鼻涕、有呼噜声。一般用什么药？或者有什么其他良方？

加强营养，保证饲料中蛋白质、氨基酸、微量元素等营养平衡，不能缺乏任何维生素，特别是维生素A。做好免疫，定期投药，控制支原体（包括败血支原体和滑液囊支原体）、大肠杆菌等感染。

前期如果没有投用强力霉素和泰乐菌素，可以选用这两类药物配伍兑水饮用，每天分 2 次，早晚各 1 次集中饮用，连续 5 天。

142. 我接收回来的鸡苗第 2 天就有伸颈张口呼吸的，有憋死的，支气管充满痰液。该怎么办？

可能是弱雏，但也不排除运输或转运期间人为因素导致受凉或其他应激所致。

143. 蛋鸡经常出现啄肛的现象，请问是什么原因？

啄肛原因较复杂，主要原因有：①光照强度过高，如：连续阴天突然放晴，受光线刺激造成啄癖。②肠炎、输卵管炎造成啄癖。③体表寄生虫造成啄癖。④饲料缺乏某种微量元素导致啄癖。

144. 我养的 817 肉鸡，请问老师多高的温度鸡容易中暑？

鸡是否中暑取决于室温、湿度、通风及药物防暑措施。当室温超过 28℃时，会造成明显采食量下降、饮水增多、消化率下降及呼吸性碱中毒。

145. 请问蛋鸡 130 日龄各方面都很正常，就是产蛋才 5%，怎样才能快速提高产蛋量？

产蛋率低的原因很多：育雏、育成及开产体重与均匀度不达标，更换高峰料过晚，腹部脂肪沉积不足，舍温高引起采食量下降，肠道消化吸收障碍，患有各种鸡病如生殖型传染性支气管炎、变异传染性支气管炎、腺胃炎、肠炎、菌群失调等。

146. 鸡蛋壳上的褐色斑点是怎么回事？

鸡蛋壳上的任何异常，都是在蛋壳形成的过程中，子宫黏膜因发炎导致分泌异常，因而蛋壳上会有异常物质沉积，形成异常蛋壳，包括异型蛋、沙壳蛋、薄壳蛋、斑点蛋、褪色蛋、软皮蛋等。解决方法是：①调节机体代谢，促进子宫正常分泌，包括使用多维素，维持酸碱平衡和离子平衡，供给足量饮水。②消炎，使用抗生素或者其他抗菌药。

147. 产蛋鸡瘫痪怎么办？

有两种情况：①由于蛋太大，子宫收缩无力，导致产蛋过程中用力过大而腿部肌肉痉挛，站立不起，外观与瘫痪差不多。②由于饲料钙磷不足或不平衡，维生素 D_3 含量不够，导致鸡瘫痪。

148. 蛋鸡舍普通灯、节能灯分别用多少瓦的合适？

普通灯用 40 瓦，节能灯用 7 瓦。

149. 300 多日龄的蛋鸡发生羽虱，请问有没有有效的药物？

常用的药剂有 1％的氟化钠，0.5％的马拉硫磷，0.1％的敌百虫溶液等。可任选上述一种药物，配成适当浓度后，直接喷洒鸡体，1周后再喷洒一次。注意不要喷到鸡的头部。

150. 得腹膜炎的蛋鸡还能产蛋吗？正进入高峰产蛋期的蛋鸡用什么药物治疗为好？

造成蛋鸡腹膜炎的原因很多，常见的是大肠杆菌以及由病毒激发的大肠杆菌性腹膜炎。只要治疗好原发病及其继发的大肠杆菌等细菌性疾病，仍然可以正常产蛋。把有症状的鸡全部淘汰掉，用药控制大群鸡的病情。用抗病毒中药银翘散和头孢噻肟、头孢曲松、林可霉素等治疗。有条件的根据抗体检测和药敏试验选用药物。

151. 怎样区别禽流感和肾型传染性支气管炎引起的肾肿？

1. 看外观　禽流感引起的死鸡机体脱水不很严重，个别鸡腿部鳞片有轻微的出血、肿头的现象。肾型传染性支气管炎引起的死鸡脱水较严重，皮肤不易剥离，鸡爪发绀，肛门处有白色的石灰样粪便。

2. 呼吸道　禽流感引起的呼吸道症状一般情况下不太容易治愈，在几天内会波及全群，眼睛细长、内有泪水。肾传染性支气管炎引起的呼吸道症状发展较慢，几天后会逐渐减少，呼吸道症状消失后会出现死亡。

3. 粪便　禽流感鸡多数排白色牛奶样粪便、中后期排绿色粪便。肾传染性支气管炎鸡基本上排水样稀便，有的鸡排到几米远，并且鸡舍内气味很大。

4. 解剖　禽流感引起的全身器官病变较明显，尤其是引起花斑肾，肾脏有较严重的出血，而肾传染性支气管炎引起的花斑肾出血较轻微。

通过以上几点基本上可以判断具体是什么原因引起的肾肿，从而合理配伍用药，尽快治愈。

152. 平时给鸡通肾用什么药较好呢？

如果没有发展到花斑肾的情况下，用维生素C或用0.2%小苏打溶液就可，自由饮水8小时。

一般泌尿道炎症肿胀用乌洛托品消炎；鸡伴有严重肺炎或呼吸道堵塞用双氢克尿噻或五皮散（生姜皮、桑白皮、陈橘皮、大腹皮、茯苓皮）；鸡痛风用八正散（车前子、瞿麦、扁蓄、滑石、山栀子仁、炙甘草、木通、大黄）、丙磺舒；肾传染性支气管炎、肾出血用五苓散（泽泻、茯苓、猪苓、肉桂、白术）。

参 考 文 献

程安春.2000.鸡病诊治大全［M］.北京：中国农业出版社.

董志刚.2010.温和型禽流感与非典型新城疫的鉴别与治疗［J］.兽医导刊（4）.

裴斐，曹彤.2000.可代替鱼粉物质［J］.当代畜禽养殖业（1）.

石俊健.2007.养殖场（户）药物消毒应注意的几个问题［J］.河北农业科技（8）：41.

王华听.2006-02-21.秋冬季节如何防治鸡呼吸道肠道疾病［N］.中国畜牧报.

王秋梅，唐晓玲.2011.动物营养与饲料［M］.北京：化学工业出版社.

王素坤.2006.鸡胚胎发育中的异常现象及产生原因浅析［J］.现代畜牧兽医（01）.

王英珍.2000.鸡群发病防治技术［M］.北京：中国农业出版社.

杨久仙.2006.动物营养与饲料加工［M］.北京：中国农业出版社.

张树方，阎效前.2000.鸡常见病防治手册［M］.北京：中国农业出版社.

邹洪波.2011.禽病防治［M］.北京：北京师范大学出版社.